BIBLIOTHÈQUE DU CULTIVATEUR

PUBLIÉE AVEC LE CONCOURS

DU MINISTRE DE L'AGRICULTURE

OISEAUX

DE

BASSE-COUR

ET LAPINS

PAR Mᵐᵉ MILLET-ROBINET

2ᵉ édition

PARIS

DUSACQ, LIBRAIRIE AGRICOLE DE LA MAISON RUSTIQUE

RUE JACOB, Nᵒ 26

Et chez tous les libraires de la France et de l'Étranger.

BIBLIOTHÈQUE DU CULTIVATEUR

PUBLIÉE AVEC LE CONCOURS

DU MINISTRE DE L'AGRICULTURE

OISEAUX DE BASSE-COUR

ET LAPINS

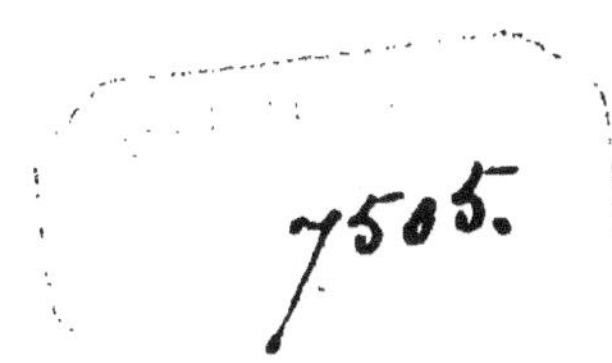

PARIS. — IMPRIMERIE D'E. DUVERGER,

RUE DE VERNEUIL, 6.

BIBLIOTHÈQUE DU CULTIVATEUR

PUBLIÉE AVEC LE CONCOURS

DU MINISTRE DE L'AGRICULTURE

OISEAUX

DE

BASSE-COUR

ET LAPINS

Par Mme MILLET-ROBINET

2e édition

PARIS

DUSACQ, LIBRAIRIE AGRICOLE DE LA MAISON RUSTIQUE

RUE JACOB, N° 26

Et chez tous les libraires de la France et de l'étranger

INTRODUCTION.

L'éducation des oiseaux de basse-cour est une branche assez importante de l'économie rurale et tout-à-fait du domaine d'une ménagère. Les produits de cette industrie récompensent amplement des soins qu'elle exige. Une basse-cour bien dirigée peut subvenir aux frais du ménage, outre la consommation que la famille fait de ses produits; mais, pour obtenir de tels résultats, il faut, indépendamment d'une surveillance continuelle et active, adopter un bon mode d'éducation auquel doit présider l'économie la plus sévère.

Il faut aussi se contenter des ressources qu'offre la localité et l'exploitation, et de celles qu'on peut se créer, sans faire des frais qui dépasseraient le profit, car, avant tout, c'est le produit net qu'il faut considérer. Si l'éducation des volailles est aussi lucrative en petit qu'en grand, c'est parce que, sur une petite échelle, il se trouve une foule de ressources naturelles, qui viennent grandement en aide à la ménagère et qui ne suffiraient plus dans une grande exploitation; ainsi, dans une petite métairie où on élève 40 ou 50 volailles, elles

trouveront à se nourrir une grande partie de l'année au moyen des insectes, des graines de la cour
et de son voisinage ; tandis que dans une grande
ferme, où le nombre des élèves s'élèverait à deux
ou trois cents, ces ressources n'augmentant pas dans
la même proportion, il faudrait pourvoir à la nourriture de la basse-cour pendant un plus long espace de temps, bien que, d'un autre côté, une grande
ferme offre beaucoup de ressources par la quantité
des déchets et par la grande masse des fumiers
dans lesquels les volailles trouvent à s'alimenter.

Je suis convaincu que l'éducation des oiseaux de
basse-cour n'est profitable qu'autant qu'on peut les
nourrir, en grande partie du moins, avec des choses
qui ne pourraient être employées à aucun autre
usage, ou d'une très-mince valeur, et que si au
contraire il fallait, toute l'année, nourrir sa basse-
cour avec des grains ou autres aliments analogues
ayant une valeur commerciale, le compte de basse-
cour, tenu avec exactitude, se balancerait en perte.

Je ne conclus cependant pas de là qu'on ne peut
employer avec avantage ni grains, ni autres aliments de ce genre, ayant une certaine valeur, à la
nourriture de la basse-cour ; mais ils ne doivent
y être employés que comme complément, ou pour
l'engraissement, et encore faut-il faire un choix
judicieux de ces denrées et cultiver de préférence
certaines plantes qui coûtent peu tout en conve-
nant à cette destination.

A bien plus forte raison, je dois dire que l'éducation des volailles dans une cour où un enclos

fermés ne peut être que fort onéreuse et ne convient qu'à des amateurs qui ont des volailles comme objet d'amusement.

Il importe beaucoup de faire un choix dans les espèces qu'on veut élever; car telle localité convient aux poules et pas aux canards; aux oies et pas aux dindons. On doit faire entrer aussi en considération la facilité des débouchés. Ainsi, il sera avantageux d'étendre l'éducation des volailles près des grandes villes, où leur nourriture ne coûte pas plus cher qu'ailleurs et où leur vente donne beaucoup plus de profit. Aux environs de Paris, par exemple, cet avantage s'accroît encore et l'éducation des volailles peut y devenir une spéculation tout-à-fait lucrative. On doit se conformer à ces conditions de localité pour étendre ou restreindre ses éducations.

Il faut aussi considérer son entourage, c'est-à-dire la proximité ou l'éloignement des voisins et des récoltes que les volailles pourraient endommager. Dans certains cas, ces dégâts dépassent le profit qu'elles peuvent donner. Il conviendrait même, si la basse-cour est entourée de terres et récoltes dans lesquelles les volailles peuvent faire des dommages, qu'on pût fermer cette basse-cour à certaines époques. Cette condition est assez difficile à remplir. Cependant elle deviendrait indispensable si on donnait une certaine extension à ce genre d'industrie.

Je ne donnerai pas ici la description de l'habitation des divers oiseaux de basse-cour. Je trouve plus logique de la placer au chapitre de chaque espèce dont je traiterai séparément; mais je dirai qu'il est essentiel, fort utile au moins, que les volailles habitent la cour occupée par les écuries et le fumier; elles y trouvent une foule de graines et d'insectes qui servent grandement à leur nourriture, et dont, en même temps, elles purgent le fumier, ce qui est aussi fort avantageux; de plus la chaleur qu'elles y trouvent, chaque fois qu'elles en éprouvent le besoin, leur est extrêmement utile.

Je sais qu'il y a quelques inconvénients à cette communauté, parce qu'il s'échappe du corps des volailles des petites plumes qui peuvent s'introduire dans les voies aériennes des quadrupèdes et causer des accidents très-graves; mais heureusement ces cas ne sont pas fréquents, et d'ailleurs la vie des hommes, comme celle des animaux, est sans cesse entourée d'une foule de périls auxquels quelques-uns succombent et que le grand nombre évite. Il est impossible de ne pas s'y exposer.

Les volailles, les poules surtout, font bien quelque tort au fumier en le grattant et en l'écartant du tas; mais il est très-facile de parer à cet inconvénient en plaçant le fumier dans une fosse appropriée à cet usage, comme cela doit être dans une exploitation bien dirigée, ce qui offrira le double avantage d'éviter l'inconvénient dont je parle et d'augmenter beaucoup la qualité du fumier.

Il ne m'appartient pas de faire ici la description d'une fosse à fumier; on la trouvera dans une foule d'ouvrages d'agriculture au nombre desquels je citerai la *Maison rustique du dix-neuvième siècle.*

Nous comptons au nombre des oiseaux de basse-cour, les pigeons, les poules, les dindons, les oies et les canards. C'est principalemeut sur ces cinq espèces d'oiseaux que doivent spéculer ceux qui recherchent l'utilité et ont besoin que leurs travaux soient profitables. Cependant des essais ont été tentés avec plus ou moins de succès pour conquérir d'autres espèces à l'économie domestique et nous dirons comment il est possible d'élever des faisans, des perdrix et surtout des pintades. A ces oiseaux on pourrait ajouter le cygne, qui peut nous offrir une assez grande ressource par sa chair et par son duvet, et qui ne semble devoir sa présence, en France, qu'au luxe, par le bel ornement qu'il forme dans une pièce d'eau ; enfin le paon dont la chair est assez délicate dans son jeune âge, et qui, par l'élégance et la richesse de son plumage, est une bien riche parure pour une basse-cour.

Je m'efforcerai donc de réunir, dans cet ouvrage, tous les moyens qu'une expérience éclairée a consacrés pour élever avec profit ces précieux animaux. J'ose espérer que mes avis seront de quelqu'utilité aux ménagères qui auront assez de confiance en moi pour les écouter. C'est dans la même intention que je joindrai à ces instructions quelques détails sur l'incubation artificielle, bien que dans mon opinion ce mode d'éclosion ne puisse être exploité avec avantage qu'en grand et dans des circonstances toutes particulières. Si donc, on voulait s'y adonner, il ne faudrait pas s'en tenir à mes instructions ; mais aller visiter les établissements de ce genre qui peuvent exister en France ou ailleurs, et chercher à les imiter en ce qu'on y trouverait de bon, tout en évitant les fautes que la pratique aurait pu faire découvrir dans le premier établissement.

Je donnerai aussi un article spécial sur l'éducation des lapins, bien que la loi actuelle sur la chasse doive restreindre beaucoup leur éducation, puisqu'il n'est possible, dans certains départements, de vendre les produits d'un clapier que dans le temps où la chasse est permise, et qu'alors ils ne peuvent, hors de ce temps, être utilisés que dans le ménage du propriétaire.

Je n'ai point la prétention de donner dans cet ouvrage beaucoup de choses nouvelles ; il y en a peu à dire sur un sujet aussi répandu ; mon traité ne sera guère que la réunion des meilleurs procédés d'éducation et d'engraissement connus, usités dans différentes contrées de la France. Toutefois, au moyen de cet ouvrage, chaque ménagère pourra ajouter à son propre savoir celui des autres, et par cela perfectionner sa méthode. Cependant, je dois à mon expérience quelques bonnes observations, quelques procédés éonomiques et profitables qui sont encore peu connus, bien que j'en aie parlé dans mon ouvrage intitulé : *La maison rustique des dames*, qui contient aussi un traité général des animaux de basse-cour, mais qui ne peut avoir toute l'étendue d'un traité spécial.

MANUEL

DE L'ÉLEVEUR

DES OISEAUX DE BASSE-COUR,

ET DU

LAPIN DOMESTIQUE.

CHAPITRE PREMIER.

Des Pigeons.

Les pigeons sont presque universellement répandus et, partout, l'objet des soins des hommes, soit pour les bénéfices que leur entretien présente, soit pour l'amusement que procure l'élève des belles espèces.

Peu d'oiseaux offrent autant de variétés sous le rapport de la taille, des couleurs, des mœurs et des habitudes. Aussi voit-on des amateurs de toutes les conditions s'occuper à les élever ; c'est même pour quelques-uns, en Hollande et en Belgique, une passion poussée à un tel point qu'elle a pu par fois contribuer à la ruine d'une famille. La mode exerce aussi son empire sur les pigeons, et il n'est pas rare de voir payer, par un amateur, une paire de pigeons curieux dix et quinze louis. Mais laissons à chacun ses folies, et nous, qui voulons présenter ici un traité d'économie domestique, bornons-nous à considérer l'éducation des pigeons sous son rapport utile, en faisant connaître les soins qu'exigent ces intéressants oiseaux.

Si l'on voulait étendre plus loin son instruction sur ce sujet, j'engagerais à se procurer un excellent ouvrage spécial, orné de gravures faites avec un soin particulier, et publié par MM. Boitard et Corbié, sous le titre de : *Pigeons de volière ou de colombier, ou Histoire naturelle et monographique des pigeons domestiques.* Cet ouvrage complet, très-bien fait et très-bien écrit, ne laisse rien à désirer sur le sujet qu'il traite.

Le pigeon bizet est regardé comme le type des diverses espèces que nous avons obtenues par la domesticité ; nous n'entreprendrons pas la description de toutes les races qui en sont dérivées ; cette description, longue et difficile, ne cadrerait pas, comme je l'ai déjà dit, avec le but de cet ouvrage. Nous nous bornerons à traiter des deux genres d'éducation que l'on a adoptés pour les deux espèces classées sous le nom générique de *Pigeons bizets, communs ou fuyards,* et de *Pigeons domestiques, mignons ou de volière.* Dans cette seconde espèce, je comprendrai toutes les variétés obtenues par les amateurs, et je me bornerai à citer les noms de celles qui me paraissent les plus productives.

Section première.

Des pigeons de colombier, fuyards ou bizets.

Le pigeon *fuyard* ou *bizet* est celui dont on peuple ordinairement les colombiers. On pourrait cependant y placer avec avantage des variétés appelées *volant* et *culbutant,* qui font plus de pontes que le fuyard et ne demandent pas plus de soins; de plus, les volants sont tellement attachés à leur colombier qu'il est presque impossible de les en déménager, tandis qu'il arrive souvent que les fuyards quittent leur habitation pour aller dans une autre. Cet amour de leur habitation est telle, chez le volant, qu'il offre une difficulté réelle pour en peupler un nouveau colombier. Il faut les y apporter assez jeunes pour qu'ils ne puissent pas le quitter et les y tenir renfermés jusqu'à ce qu'ils aient une ponte. C'est cette variété de pigeons qui est employée pour porter des messages. Les pigeons volants et culbutants évitent mieux l'oiseau de proie que le bizet.

(Fig. 1.)

Le bizet est d'une petite taille, d'une couleur cendrée, bariolé de noir sur les ailes, avec les pattes noirâtres ou d'un rouge terne; l'iris noir et le bec noir ou plombé, mais sans fèves blanches. Il vit ordinairement huit ans, et cesse d'être fécond après quatre ou cinq ans. Il ne fait que deux ou trois pontes par an, presque toujours quatre dans le midi de la France. On donne à ces couvées le nom de volées.

Les pigeons fuyards ne sont jamais aussi gros que les pigeons de volière ou domestiques, et ils couvent moins souvent, mais en récompense ils coûtent peu à nourrir à leur propriétaire, vivant la plupart du temps de toutes les espèces de graines et même d'insectes qu'ils trouvent dans les champs et sur les terrains incultes. Aussi font-ils de grands ravages dans les ré-

coltes, surtout dans la culture moderne, où l'on sème,
en toute saison, pour ainsi dire, une grande variété de
graines de fourrages dont les pigeons sont très-friands;
leur avidité et leur effronterie sont telles, qu'ils suivent
les semeurs et attaquent leurs semailles sans qu'il soit
possible, quelquefois, de s'en débarrasser. Ils ne bornent pas là leurs ravages : lorsque les semences lèvent,
ils coupent le germe et fouillent dans la terre avec leur
bec pour chercher à avoir la semence, ce à quoi ils ne
réussissent pas toujours. Mais le mal qu'ils lui ont fait
est irréparable : elle est perdue. Aussi la loi donne-t-
elle le droit de tirer sur les volées de pigeons, tout en
ne donnant pas celui de les ramasser lorsqu'ils tombent morts ou blessés.

Le pigeon bizet est, de toutes les espèces, celle qui
s'engraisse avec la plus grande facilité. Lorsqu'on ne
trouve pas que la graisse qu'ils prennent par la nourriture que leur donnent leurs parents soit suffisante,
on les engraisse artificiellement. Je donnerai plus
loin les moyens à employer. On a remarqué qu'en
nourrissant les pigeons fuyards avec le même soin de
ceux de volière, on augmentait singulièrement leurs
pontes, et qu'ils prenaient des habitudes de domesticité qui ne leur sont pas ordinaires. Mais comme leur
race est petite, il n'y aurait pas avantage à en peupler
les volières. Il est cependant indispensable de leur
donner à manger dans les saisons où ils ne peuvent
pas trouver à se nourrir suffisamment dans les champs,
c'est-à-dire pendant les froids rigoureux et les temps
de neige, et au printemps jusqu'au moment où les
plantes commencent à grainer.

Le pigeon volant est petit, n'a pas de tubercules sur
les narines, a un léger filet rouge autour des yeux,
l'iris blanchâtre, les pieds nus et le plumage varié

de couleurs sans régularité. C'est, de toutes les races, la plus féconde.

Les pigeons culbutants sont très petits, leur vol est irrégulier et rapide, très haut, et leurs mouvements précipités. Rien n'est curieux comme de leur voir prendre leur essort à tire d'aile; une flèche n'est pas plus rapide d'abord, mais tout-à-coup ils se mettent à culbuter cinq ou six fois de suite, absolument comme un danseur de corde. Cette faculté de culbuter leur fait quelquefois éviter l'oiseau de proie; d'autres fois, au contraire, elle les empêche de l'apercevoir, et ils deviennent leur victime. Ils ont l'œil perlé, sablé de rouge et entouré d'un filet rouge assez large, les pieds nus et le plumage varié. Ils sont très-féconds.

Ces trois variétés de pigeons mises en colombier sont à demi-domestiques; et après la nourriture qu'il faut leur donner en certaines circonstances, comme je viens de le dire, ils ne réclament plus qu'un logement commode pour élever leurs petits. Comme cette dernière condition est celle qui les retient le plus au colombier, nous allons en indiquer la disposition. Il est de l'intérêt de ceux qui veulent avoir de ces pigeons de ne rien négliger à cet égard. Mais je dois dire qu'il est présumable que, lorsque nous serons assez heureux pour qu'on fasse un code rural, les pigeonniers peuplés de fuyards seront interdits ou au moins réduits en proportion de la quantité de terre possédée par le propriétaire du colombier.

§ 1. — *Colombier*.

Le colombier ou *fuie* est un bâtiment de forme ronde ou carrée; on en fait dont la maçonnerie commence aux fondations, on les nomme colombiers à pieds;

d'autres sont soutenus par des piliers au-dessus desquels commence la maçonnerie ; on en construit aussi sur des bâtiments élevés pour d'autres usages. En général, le colombier doit être placé sur un terrain sec et élevé, et dominer les alentours.

Les opinions sont diverses sur les avantages et les inconvénients de sa proximité ou de son éloignement de la basse-cour. Les uns veulent qu'il en soit fort éloigné parce que les pigeons aiment beaucoup la tranquillité ; les autres qu'il en soit rapproché afin de placer les pigeons plus à portée des soins qu'ils réclament. Je pense qu'il faut le placer près du lieu d'habitation, mais dans un endroit peu fréquenté.

La forme ronde me paraît préférable sous plusieurs rapports ; elle rend à l'intérieur la visite des nids plus facile ; elle est convenable aussi à la disposition des boulins ou nids, en permettant de rétrécir l'entrée de chacun, ce qui est favorable au pigeon qui couve, obligé souvent de se défendre contre ceux qui veulent s'emparer de son nid ; à l'extérieur, cette forme rend l'accès plus difficile aux rats qui parviennent quelquefois à grimper par les angles des bâtiments carrés.

Au surplus, quelle que soit la forme extérieure du colombier, il doit régner à l'entour, au-dessous de la porte d'entrée, si elle est au premier étage ; au-dessus, si elle est au niveau du sol, une corniche de 0ᵐ 20 à 0ᵐ 25 de saillie (fig. 2. A, page 18). Cette corniche a d'abord l'avantage de s'opposer à l'invasion des animaux grimpeurs qui ne peuvent se soutenir dans une position renversée ; de plus, elle offre aux pigeons une espèce de galerie sur laquelle ils s'abattent avant d'entrer dans le colombier, se promènent et se réchauffent au soleil. Les murs, en dehors, doivent être crépis avec soin, fort unis et blanchis à la chaux, parce que,

outre que cette couleur semble plaire aux pigeons, elle
fait distinguer de loin le colombier aux jeunes couples
qui sortent pour la première fois.

Il est convenable que la porte par laquelle on entre
dans le colombier ne soit pas au niveau du sol. Il serait
même beaucoup mieux que le rez-de-chaussée ne fut pas
employé à loger les pigeons; mais qu'il fût consacré à
tout autre usage, et que le plancher du colombier fût à
2 mètres 50 environ du sol. En effet, il est essentiel
que les boulins ne soient placés que dans un endroit
très-sec. La fenêtre par laquelle s'introduisent les pigeons doit être placée à 4 ou 5 mètres de hauteur au
moins, et avoir 0^m 50 à 0^m 70 de hauteur sur une
largeur convenable; elle doit être exposée au midi
dans les départements septentrionaux, et au levant
dans le midi. On scelle à son niveau une planche de
0^m 60 de saillie pour servir de promontoire aux habitants du colombier, et on la garnit d'une trappe fermant exactement à coulisse au moyen d'une poulie
et d'une corde, afin de pouvoir la fermer et l'ouvrir soir
et matin. Nous ne sommes point d'avis, comme certaines personnes, de laisser cette porte toujours ouverte. On expose ainsi le colombier à des dégâts considérables de la part des oiseaux de nuit; mais aussi il
faut avoir le soin de l'ouvrir tous les jours de très-grand
matin, car c'est à cette heure surtout que les pigeons
vont à la provision. Un oubli pourrait être fatal aux
pigeonneaux qui attendent leur repas; c'est ce qui
détermine souvent à laisser la porte ouverte.

Comme il serait difficile de mouvoir une porte de la
dimension de la fenêtre que j'indique, on la garnira
d'une grille de fil de fer à petites mailles et solide, ou
d'un tissu de grosse et forte toile métallique, et on placera au milieu deux montants qui serviront de coulisses

pour la petite porte, qui devra cependant avoir 0^m 35
à 0^m 40 de large et autant de hauteur. Il faut que
plusieurs pigeons puissent entrer et sortir à la fois,
parce que souvent un mâle méchant suffit pour inter-
cepter le passage quand la porte est étroite ; je préfé-
rerais même deux entrées peu distantes l'une de l'autre.
Outre ces fenêtres d'entrée, il est nécessaire d'en faire
deux autres, une au levant, l'autre au couchant ; on
les garnit d'une grille de fil de fer comme les autres,
et de plus, d'un petit volet en bois blanc qu'on ferme
dans les mauvais temps, soit au moyen d'une coulisse
et d'une poulie, soit par un autre moyen.

Le toit doit être assez en pente pour que les eaux
pluviales s'écoulent rapidement et entraînent la fiente
que les pigeons y déposent ; cependant, cette pente
ne doit pas être telle que ces oiseaux ne puissent s'y
promener. Par la même raison, la couverture en tuiles
doit être préférée à celle en ardoises ; mais les tuiles
doivent être bien jointes et fixées solidement pour
qu'elles ne soient pas dérangées par le piétinement
continuel des pigeons, qui s'y placent souvent en très-
grand nombre. Il ne faut pas aussi laisser le moindre
passage par lequel les moineaux puissent s'introduire, parce que quelquefois ils percent le jabot des
jeunes pigeons pour prendre la nourriture qu'il contient.

Les pigeons passent pour dégrader les bâtiments et
les toitures ; mais on a exagéré les dégâts qu'ils font.
S'ils attaquent les murailles, c'est lorsqu'elles sont
garnies de salpêtre, et il est vrai qu'alors ils les détruisent facilement ; mais si on a le soin d'entretenir
leur habitation et de leur fournir continuellement du
sel, les dégâts seront sans importance.

L'intérieur du colombier doit être crépi avec autant

de soin que l'extérieur ; le plancher doit être carrelé et non planchéié, parce que les rats parviennent, tôt ou tard, à percer le bois. Le carrelage est d'ailleurs plus facile à nettoyer que les planches. Le carreau doit être joint et cimenté avec soin et pénétrer dans la maçonnerie des murs pour présenter plus d'obstacles aux excavations des rats.

On jette un peu de paille autour du colombier, autant pour préserver les jeunes pigeons sortis du nid de prendre la goutte, ce qui leur arrive lorsqu'ils demeurent sur le carreau nu, que pour les empêcher de se blesser lorsqu'ils tombent par accident. Cette paille doit être fréquemment renouvelée.

Tout le pourtour du colombier est garni de boulins ou nids. Le nombre en sera proportionné à celui des pigeons qu'on veut entretenir, c'est-à-dire qu'on compte ordinairement trois boulins pour deux paires de pigeons. On les fait de différentes manières ; mais je crois qu'il faut rejeter ceux en osier ou en planches, à cause de la quantité d'insectes qu'ils peuvent recéler. Les nids en briques ou en terre cuite *non vernissée* sont préférables ; ils doivent avoir 0^m 25 de hauteur sur la même largeur, et 0^m 30 de profondeur. On ne commence à établir les nids qu'à 1 mètre 20 centimètres environ du sol, parce que les rats, qui sont les ennemis les plus terribles des pigeons, ne peuvent s'élancer à cette hauteur. Pour placer les boulins, on fait une retraite dans l'épaisseur du mur, à partir de la hauteur que je viens d'indiquer, et c'est sur cette retraite, qui doit avoir la profondeur convenable, qu'on place les nids en terre cuite ou qu'on construit ceux en brique ; on réserve une saillie qui dépasse le bord du nid de 0^m 10 à 0^m 15. On établit un second rang de boulins au-dessus du premier, en les plaçant en échiquier, et dans leur construction on ménage encore une saillie en avant, qui peut être construite en brique ou formée avec une planche de chêne; de sorte que le nid inférieur est garanti des ordures du nid supérieur. De plus, cette saillie sert, comme la première, de promontoire aux jeunes pigeons qui commencent à se promener et à essayer leurs ailes dans le colombier. Cette considération est très-importante ; elle évite la chute et la mort d'un grand nombre de pigeonneaux. C'est aussi là que le mâle se place pour veiller à ce que la femelle ne soit point troublée dans sa couvée.

Il convient que les nids aient un petit rebord de $0^m 05$ à $0^m 06$, mais il faut qu'il soit mobile, sans quoi il rendrait presque impossible le nettoyage du nid, ce qui est cependant de première nécessité. Il peut être formé d'une petite planche contenue par deux boulons en fer, fixés dans la saillie à distance convenable du nid, de manière que la planche formant rebord se place entre les boulons et la construction du nid. Les pigeonneaux ne franchissent ce rebord, pour venir se promener sur la saillie, que lorsqu'ils sont assez forts pour le faire sans danger.

Pour placer les nids de terre cuite, ou pour construire ceux en brique, on emploie du plâtre, et on doit veiller avec le plus grand soin, pendant la construction, à ce que les ouvriers ne laissent pas le moindre vide entre les briques ou les nids; il servirait de refuge aux insectes.

Au lieu de faire une saillie continue au-dessus de chaque rang de boulins, on peut placer sous chaque pot ou sous chaque case de brique, une petite planche de chêne qui ressort de $0^m 10$ à $0^m 15$, comme la saillie que nous avons indiquée, et qui en tiendrait lieu.

Si les nids sont en brique, cette planche peut en faire le fond. Dans ce genre de construction, on peut faire à la planche servant de fond une rainure pour placer le rebord ou y placer les deux boulons dont j'ai parlé. On doit souvent visiter les boulins, et s'il s'y fait quelque dégradation, il faut les réparer à l'instant, car ils serviraient de refuge aux insectes qui y peupleraient.

Comme nous avons donné le conseil de faire le pigeonnier rond, il en résultera que les nids seront un peu plus larges au fond qu'a l'entrée, ce qui est encore très-convenable, parce que la mère, en se mettant à l'entrée, défend plus facilement sa chère couvée lorsqu'on veut l'attaquer, ce qui est très-fréquent. Les pigeons sont loin d'avoir les mœurs douces et pures qu'on leur attribue. Ils sont doux et timides avec le monde extérieur, parce qu'ils sont dénués de défense, à peu près, et très-peureux ; mais entre eux ils sont hostiles et très-querelleurs.

Le dernier rang de boulins, en haut, doit être à 0^m 60 du toit et surmonté d'une corniche qui, régnant tout autour du colombier, forme le dessus de ces boulins et sert aux ébats des pigeons lorsque le mauvais temps les empêche de sortir.

§ 2. — *Ustensiles*.

Une échelle *tournante* est extrêmement commode pour aller, soit visiter les nids et y prendre les petits bons à manger, soit pour enlever les pigeonneaux morts et nettoyer les nids ; elle permet de faire cette visite sans bruit et sans tout le mouvement qu'occasionne le transport d'une échelle ordinaire.

Pour l'établir, on prendra avec exactitude le point central du colombier et on y fera placer une pierre dure, solidement scellée (fig. 2 B), dans laquelle on

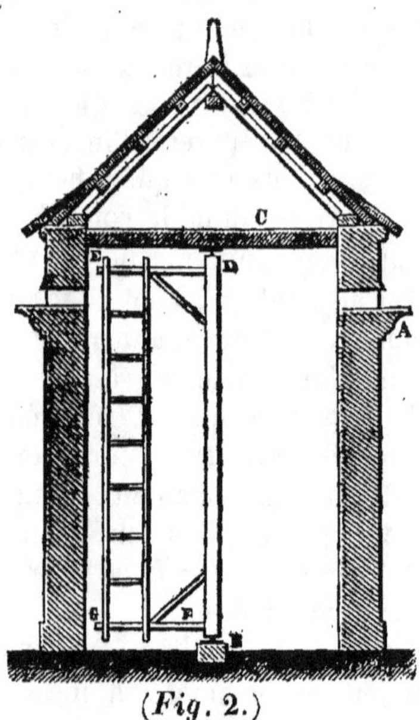

(*Fig. 2.*)

pratiquera un trou assez grand, destiné à recevoir une
crapaudine. Si l'on n'a pas disposé d'avance dans la
charpente une poutre qui puisse recevoir le pivot supérieur, il faudra en placer une assez forte pour le
supporter convenablement (C). On fixera cette poutre
à la charpente et aux murs par de forts liens en fer,
car l'échelle doit être placée avec une solidité qui dé-
livre de toute inquiétude.

Au moyen de la pierre et de la poutre, on placera
parfaitement d'aplomb le montant (B D) destiné à porter l'échelle ; il sera muni à chaque bout d'un fort pivot
en fer, sur lequel il tournera. A la partie supérieure et à
la partie inférieure de ce montant ou arbre *vertical*,
on fixera solidement deux pièces de bois *horizontales*

(D E, F G), destinées à recevoir l'échelle (E G). Celle-ci sera placée à la distance convenable, pour qu'étant monté dessus on puisse visiter les nids avec commodité et faire tourner l'échelle sans descendre. Pour cela il faut que le montant extérieur de l'échelle arrive à 0^m 18 ou 0^m 20 de distance des boulins.

La pompe est l'abreuvoir des pigeons ; elle doit être en terre cuite vernissée en dedans, et proportionnée de grandeur au nombre d'habitants du colombier. Il est même convenable d'en avoir plus d'une. Il est inutile de la décrire, puisqu'on l'achète toute faite chez les marchands de faïence. Elle est fort simple. Dans les temps de fortes gelées il faut la vider, sans quoi l'eau en se congélant la ferait casser. Ces pompes doivent être tenues avec la plus grande propreté. Pendant la gelée il faut avoir recours à un autre moyen pour abreuver les pigeons. On peut alors placer deux fois par jour dehors, si les pigeons ont l'habitude de descendre à terre près de leur colombier, dedans, s'il en est autrement, de grands plats de terre très-peu creux, qu'on remplit d'eau. Sans cette précaution, les pigeons souffriraient beaucoup de la soif. La pompe n'est nécessaire que si les pigeons n'ont pas de moyens de s'abreuver dehors, dans un cours d'eau ou une mare qui ne soient pas très-éloignés.

La trémie, ou mangeoire, est en bois et sert à donner à manger. Sa construction est simple, analogue à celle de la pompe ; il est également inutile de la décrire ; elle est très-connue. On peut employer la trémie anglaise, dont on trouvera la figure et la description à l'article Nourriture des poules. Elle doit être tenue avec la même propreté que la pompe. Quelquefois il semble qu'elle est encore garnie de grains, bien qu'elle en soit dépourvue. Ceux qu'on y voit sont rebutés par les pigeons à cause de leur mauvaise qualité. Il est donc bon de s'en assurer, afin de les jeter pour en mettre de nouveaux.

L'épuisette sert à prendre les pigeons dans le colombier. Elle est composée d'un cerceau en fil de fer assez fort, ayant 0^m 50 de diamètre et muni d'un manche de bois d'environ deux mètres de long; ce cercle est garni d'une poche profonde faite en filet solide. Elle sert à prendre surtout les vieux pigeons qu'on veut détruire ; par ce moyen on n'effarouche pas autant les habitants du colombier.

Les grattoirs sont composés d'une plaque de fer triangulaire, portant au milieu une douille et un petit manche ; ils servent à râcler les nids pour les nettoyer. On peut en avoir un dont l'un des angles soit arrondi, pour gratter les cavités qui pourraient avoir cette forme.

Les brosses ou balais, destinés au même but que les grattoirs, doivent être en chiendent ou en sorgo.

Enfin, il faut des balais rudes et des pelles pour enlever *la fiente ou colombine,* qui forme un engrais très-riche et fort recherché pour certaines cultures, et toujours d'un prix fort élevé.

§ 3. — *Soins à donner au colombier.*

L'intérieur du colombier doit être blanchi à la chaux une fois par an. On choisit pour cette opération l'époque à laquelle il y a le moins de pigeons occupés à la couvée, ce qui est ordinairement fin d'octobre, commencement de novembre, et un beau jour, afin que les pigeons puissent le passer dehors sans inconvénient. Avant de blanchir, on doit faire un nettoyage général et scrupuleux.

Il faut également faire faire jusqu'aux plus petites
réparations qu'on pourrait découvrir, et surtout mettre
un soin particulier à ne pas laisser le moindre logement pour les insectes, au premier rang desquels il
faut placer une sorte de punaises qui implantent leur
tête dans la peau des pigeons et leur suce le sang jusqu'à les faire mourir. Si on apercevait quelqu'inters-
tice où ces ennemis se seraient logés sans qu'on puisse
les y atteindre, il faudrait y lancer de l'eau bouillante
au moyen d'une seringue, avant de fermer l'ouverture, qu'ils parviendraient tôt ou tard à déboucher; il
faut prendre aussi un soin minutieux pour éviter l'introduction des belettes ou des rats dans le colombier,
car ils y feraient un carnage terrible.

La colombine ou fiente des pigeons doit être enlevée au moins quatre fois par an, *et non pas amassée
sur un seul point dans le colombier, comme on le fait
souvent*. On choisit pour ce nettoyage le moment où
les pigeons sont le moins occupés à la ponte. La première fois à la fin de l'hiver, fin de février, commencement de mars ; la seconde fois après la première volée,
fin d'avril, commencement de mai ; la troisième après
la seconde volée, fin d'août; enfin la dernière en novembre, au moment du nettoyage général.

Il ne faut pas placer la colombine à la portée des
poules, parce qu'elles y chercheraient les grains qui
peuvent s'y trouver, ce qui leur causerait de violents
maux de gorge.

On doit également prendre quelques précautions en
nettoyant le colombier, parce que l'introduction de la
moindre parcelle de colombine dans l'œil y cause de
cuisantes douleurs, et pourrait même devenir dange-
reuse.

Il n'appartient pas au cadre de cet ouvrage de parler des qualités fertilisantes de la colombine ; je dirai seulement que c'est un des engrais les plus puissants qui existent, et qu'on doit le recueillir avec beaucoup de soin.

Chaque fois qu'on trouve des pigeonneaux ou des pigeons morts dans le colombier, on doit les enlever et non les jeter à terre pour qu'ils pourrissent avec la colombine, ce qui se fait souvent, et nettoyer avec le plus grand soin les nids où ils étaient.

Quand on déniche des pigeonneaux, il faut nettoyer leur nid avec un soin particulier ; car s'il arrivait qu'il s'y fît une seconde ponte sans qu'on ait pris ce soin, il se formerait dans la fiente des précédents une multitude de vers qui attaquent les pattes et même le ventre des nouveaux venus.

On doit toujours entrer dans le colombier avec précaution et en faisant le moins de bruit possible. Les fuyards abandonnent assez facilement leur couvée, et même leur colombier, si on les y tourmente ; il est même convenable de frapper à la porte avant de l'ouvrir, cela donne le temps aux pigeons qui sont par terre de gagner la partie supérieure du colombier, et ils ne se trouvent pas surpris, ce qui les effraie beaucoup.

Il est à propos de placer dans le colombier, ou aux environs, un peu de paille, qui est nécessaire aux pigeons pour faire leurs nids.

Les pigeons ont un goût prononcé pour le sel et pour tout ce qui est salé ; sans doute cette matière est nécessaire à leur existence. Il faut donc chercher les moyens de leur en procurer ; il serait imprudent de leur en donner à discrétion, ils se rendraient malades, et d'ailleurs leur consommation serait considérable.

Il y a plusieurs moyens de le donner, de manière

qu'ils n'en puissent avoir qu'avec une certaine difficulté et sans en abuser.

D'abord on peut mettre aux environs du colombier des décombres fortement chargés de salpêtre ; mais il serait imprudent de les mettre dans le colombier, parce qu'on courrait le risque de faire salpêtrer les murs.

Un excellent moyen est de pendre dans le colombier des merluches ou morues sèches, qui sont d'un prix peu élevé et par conséquent peu coûteuses.

On en place une couple dans le colombier, à un endroit où les pigeons puissent l'atteindre ; on les renouvelle lorsqu'elles sont entièrement mangées. Les pigeons ne laissent absolument que les arêtes ; je pense que ce moyen est le meilleur.

Quelques personnes font des espèces de tourteaux, composés de vesce, de cumin, de sel, et surtout de terre : ce moyen est mauvais ; il cause de graves accidents dans le tube digestif des jeunes pigeons. Il ne faut pas l'employer.

Je terminerai cet article en disant que les soins qu'on prend du colombier sont une des causes qui le font aimer aux pigeons. Si l'on veut avoir une fuie prospère, il ne faut donc pas les épargner : on sera toujours payé de ses peines.

Quelques personnes prétendent que les pigeons aiment les bonnes odeurs, et font à cet effet des fumigations d'herbes aromatiques dans le colombier ; je crois que c'est une erreur. On cherche ainsi à cacher la mauvaise odeur causée par la malpropreté ; il vaudrait infiniment mieux nettoyer le colombier. Ce que les pigeons aiment surtout, c'est un air pur, la propreté, et une circulation d'air continuelle. Ce sont les plus sûrs moyens de parfumer un colombier.

§ 4. — *Manière de peupler un colombier.*

L'époque la plus favorable pour peupler un colombier est le printemps. Il y a deux procédés :

Le premier consiste à mettre dans le colombier de jeunes pigeons nés en mars, et qui ne mangent pas encore seuls. On les nourrit en leur ouvrant le bec, et en y introduisant du grain et de l'eau, ou une pâtée assez claire, faite avec de la farine; on ne les enferme pas. On peut mettre avec eux quelques petits poulets, qui, par leur exemqle, leur apprennent à manger plus vite seuls. Lorsqu'ils commencent à voler, ils essaient leurs ailes dans le colombier, puis bientôt dehors, aux environs. On continue de leur donner la nourriture dans le colombier jusqu'à ce qu'ils entrent en amour, mieux lorsqu'ils ont des œufs; alors on leur donne alternativement dedans et dehors, puis dehors seulement; et, dès qu'ils couvent, il n'y a plus à craindre qu'ils quittent leur habitation.

La seconde manière consiste à mettre en mai, dans le colombier, de jeunes pigeons de l'année précédente et à les tenir enfermés en les nourrissant dans le colombier, jusqu'à ce qu'ils aient des œufs. On choisit alors un jour nébuleux pour leur ouvrir la porte, et pendant quelque temps on dépose tous les soirs, avant le coucher du soleil, du chenevis et du sarrazin dans le colombier. Lorsqu'ils ont des petits, on peut cesser de leur en donner ; mais il est encore prudent de jeter un peu de nourriture autour du colombier de temps en temps.

Dans ces deux cas, il ne faut cesser de donner à manger aux pigeons que lorsqu'ils peuvent trouver facilement une nourriture abondante dans les champs, comme lorsque la maturité des grains est arrivée.

On préfère en général, pour peupler les colombiers, les pigeons dont le plumage est d'une couleur foncée, non parce que 'les blancs sont moins productifs, mais parce qu'ils sont plus remarqués par l'oiseau de proie et très-souvent dévorés. Il sera donc utile, lorsqu'on choisira les jeunes pigeons qu'on voudra conserver pour augmenter ou renouveler la fuie, de rejeter ceux qui seraient marqués de blanc. Il ne faut conserver aussi que ceux nés en mars ou avril, parce qu'ils ont le temps de devenir forts et vigoureux avant l'hiver, tandis que ceux nés en septembre, époque à laquelle les pigeons reprennent une seconde ponte, n'ont pas le temps de devenir parfaits avant les rigueurs de l'hiver.

On ne peut pas déterminer le temps nécessaire pour peupler une fuie; cela dépend du nombre de jeunes pigeons qu'on y a mis, et de la quantité qu'on veut en avoir.

Les pigeons fuyards paraissent cesser d'être féconds après quatre ou cinq ans ; mais il est bien difficile de les connaître pour les détruire, afin de laisser la place aux jeunes. On est donc obligé de garder souvent un assez grand nombre de pigeons inutiles dans un colombier, car leur vie s'étend bien au-delà de leur fécondité. C'est encore un inconvénient à ajouter à ceux qui sont attachés déjà aux pigeons fuyards, et que j'ai signalés au commencement de l'article qui traite de leur éducation ; et, bien que je mette un soin particulier à décrire tout ce qui les concerne, je n'en conserve pas moins l'espérance qu'on renoncera à entretenir ces *ravageurs*, qui coûtent trois ou quatre fois au public ce qu'ils rapportent à leurs maîtres.

2

§ 5. — *Nourriture*.

Les pigeons se nourrissent en général de toutes sortes de grains, et on peut les mettre dans la trémie du colombier dont j'ai parlé ; on la leur distribue chaque jour une ou deux fois. Cette dernière manière est plus économique, mais elle ne convient pas aussi bien aux jeunes pigeonneaux, qui ont besoin de manger plus d'une ou deux fois par jour.

Pour appeler les pigeons on siffle, ou on fait un cri quelconque, auquel ils s'habituent, comme : glou ! glou !... Si on les appelle à des heures régulières, on est plus sûr d'avoir toute la chambrée ; mais alors il arrive souvent que les habitants des colombiers voisins se rendent aussi à l'appel, et on a le plaisir de nourrir des étrangers. Il est donc préférable de distribuer deux et même trois fois la nourriture à des heures irrégulières, parce que si les uns ne sont pas à un repas, ils peuvent être à un autre, et les voisins ne peuvent deviner l'heure de la distribution. On doit choisir pour la leur faire une place unie, dégarnie d'herbe, et éloignée du fumier et des poules.

De temps en temps on visite la trémie pour s'assurer qu'elle est encore munie de grains. Pour que la consommation ne soit pas trop considérable, il serait mieux de n'y mettre chaque jour que ce qu'on voudrait donner aux pigeons. Il y a un autre avantage à cette distribution journalière, c'est que les pigeons s'habituent à la présence d'hôtes dans leur colombier, et qu'ils ne s'effarouchent pas autant quand on va dénicher les petits ou nettoyer le colombier. Il ne faut pas leur donner une nourriture trop abondante, parce que cela les rend paresseux, et ils ne quittent le colombier que pour se promener. Alors ils deviendraient des pigeons de volière, ce qui serait fort coûteux.

On peut donner aux pigeons de la vesce, de l'orge, des lentilles, des pois, des féverolles, du maïs, du chenevis, du sarrazin, du seigle, et toutes les criblures de grains. Ils sont très-avides de pépins de raisin, et il est facile de leur en préparer dans les pays vignobles. Il suffit de faire sécher le marc après qu'il a été pressé ; pour cela on peut l'exposer au soleil, sous un hangard, ou même au four, après le pain. On le bat avec des fléaux et on le crible, puis on le vente. Les graines se séparent assez pour qu'on puisse ensuite les donner aux pigeons. Ils aiment l'avoine, mais elle ne convient pas quand il y a de jeunes pigeonneaux, parce que si les parents la donnent à leurs petits sans en avoir commencé la décomposition, il arrive quelquefois qu'elle leur perce le jabot, ce qui entraîne la mort.

La vesce et les lentilles sont la nourriture qui paraît leur convenir le mieux ; toutefois, il ne faut pas les leur donner trop nouvelles, elles leur donnent le dévoiement.

Les pigeons mangent très-bien les pommes de terre bouillies et écrasées ; il ne faudrait pas en faire leur nourriture exclusive, mais on peut leur en donner une fois par jour.

§ 6. — *Ponte et incubation.*

Les pigeons fuyards font deux ou trois pontes par an dans le nord et le centre de la France ; ils en font une de plus dans le midi. Leur état demi-sauvage ne permet de donner aucun soin, d'exercer aucune surveillance sur les couvées. La ponte est ordinairement de deux œufs blancs, qui produisent ordinairement un mâle et une femelle ; mais cette loi n'est pas invariable. Si on s'apercevait qu'un couple n'a eu plusieurs fois de suite qu'un seul œuf, il faudrait chercher à le détruire.

La ponte se fait ordinairement en deux jours. La femelle garde le nid un ou deux jours avant la ponte ; elle ne garde le nid assidûment qu'après la ponte du second œuf ; et l'on a remarqué que le second œuf n'est fécondé qu'autant qu'il y a eu accouplement après la ponte du premier.

L'incubation dure de dix-sept à dix-neuf jours, suivant la température. La femelle couve depuis trois heures environ du soir jusqu'à dix ou onze du matin, le mâle vient alors la remplacer, et elle va chercher sa nourriture dans les champs. Lorsqu'elle tarde trop à revenir, le mâle va la chercher et semble l'inviter à reprendre sa place ; si elle s'y refuse, il l'y contraint à coups de bec et d'aile. La femelle se conduit de même à son égard lorsque c'est à son tour de couver. Bel exemple d'égalité matrimoniale, qui devrait servir de leçon à l'espèce humaine.

Aussitôt que les petits sont éclos, le père et la mère en prennent un soin égal, et leur dégorgent les aliments qu'ils ont à demi digéré dans leur jabot, sans distinction de sexe, comme on l'a avancé inconsidérément.

Lorsque les pigeonneaux sont couverts de plumes et qu'ils commencent à venir sur le bord du nid, mais qu'ils ne peuvent pas encore voler, c'est le moment de les prendre ; ils sont bons à vendre et à manger. Ils ont alors trois semaines à un mois, selon le temps et l'abondance de nourriture que leur donnent leurs parents ; mais si l'on veut les engraisser comme je l'indiquerai plus loin, il faut les dénicher un peu plus tôt.

Section II.

Des pigeons de volière.

La race de pigeon de volière n'est autre chose que les pigeons fuyards, perfectionnés par l'homme. Il y a de nombreuses variétés plus ou moins grosses, plus ou moins belles et plus ou moins productives. Comme je n'écris pas ici un ouvrage spécial sur les pigeons, je ne chercherai point à décrire cette foule de variétés, d'autant plus que le but de mon ouvrage étant l'*utilité,* je dois me renfermer dans ce qui est productif et non amusant. Il n'est pas indifférent cependant de peupler une volière, dont on espère un produit, de n'importe quelle espèce de pigeons, et je vais nommer celles que je crois préférables à ce but. On n'aura pas à regretter l'agrément, car les espèces les plus productives sont tout aussi jolies, et souvent même plus jolies que certaines autres, qu'on a par curiosité, plutôt que pour leur beauté. *Le rare* en pigeon, comme en bien autre chose, est souvent le seul mérite de l'objet qu'on recherche. Cependant, comme il ne coûte guère d'avoir de jolis pigeons plutôt que des laids, on choisira d'abord, pour peupler la volière, des couples de belle espèce, et on ne conservera parmi les pigeonneaux destinés à peupler, que ceux dont le développement remarquable et la belle symétrie des couleurs pourra faire classer au nombre des beaux ; les autres seront condamnés à mort. En faisant toujours un choix judicieux, on aura l'espérance d'en avoir toujours de beaux. C'est ainsi qu'on améliore toutes les races d'animaux domestiques ; et quand on joint à cela une nourriture saine, bien appropriée et abondante, on est sûr d'y parvenir vite.

Le *mondain*, qui est une race composée de toutes les autres races, est sans contredit l'espèce la plus convenable à une volière de produit. Leur plumage n'a point de couleur régulière, ni par la forme, ni par la nuance ; ils sont gros, faciles à nourrir, vigoureux et très-féconds. Lorsqu'on en a peuplé une volière, il est inutile de chercher à conserver une autre race pure, car la fidélité des pigeons est passée en proverbe fort à tort ; peut-être à l'état sauvage cette fidélité, d'un an tout au plus, existe-t-elle, mais à l'état de domesticité il en est tout autrement, et je ne sais si c'est à leur état de civilisation qu'ils doivent cette dépravation, mais l'on voit sans cesse des mâles caresser des femelles qui ne sont pas celles avec lesquelles ils couvent ou couveront, et les femelles recevoir leurs caresses de très-bonne grâce, ce qui est très-vilain ; et c'est sans doute pour cela qu'on mange les pigeons. Il n'en est pas de même lorsqu'on les donne comme les modèles de la tendresse et de l'amour : leur vie entière, en toute saison, y est consacrée, et vous voyez que c'est à juste titre qu'on en a fait l'oiseau de Vénus. Cependant, on peut hasarder d'avoir avec des pigeons mondains quelques autres espèces productives, et on ne conservera leur progéniture qu'autant qu'elle sera *pure*, ce qui peut arriver. Dans ce cas, j'engagerai à choisir les *patus*, race très-productive et belle ; le pigeon *tambour glouglou* est aussi une des races les plus fécondes, et il est fort joli, mais moins gros que les précédents. Le pigeon romain est aussi fort beau et productif, ainsi que le pigeon volant ou messager.

Il y a une foule d'autres jolies espèces, très-productives; mais je répète que je ne puis parler ici de toutes.

Lorsqu'on achète des pigeons pour peupler une volière, il faut qu'ils soient tout au plus de l'année précédente, qu'ils aient le plumage fourni et brillant, les pattes d'un beau rouge, sans écailles blanchâtres, l'œil vif et net, et que lorsqu'on étend leurs ailes, il les rapprochent avec force et vitesse.

§ 1er. — *De la volière.*

Une partie de ce que j'ai dit à l'article colombier peut se rapporter à celui de la volière, seulement comme celle-ci est toujours beaucoup moins étendue, elle peut être faite et entretenue encore avec plus de soin. Par exemple, il est convenable de ne pas superposer plusieurs nids les uns au-dessus des autres, et l'échelle tournante devient inutile.

La volière doit être nettoyée au moins une fois tous les mois, parce que les pigeons l'habitent bien plus que les fuyards n'habitent leur colombier; et il ne faut jamais négliger de fermer la porte le soir, car les fouines, les belettes, les rats, et même les oiseaux de proie leur feraient une guerre acharnée. Il faut employer tous les moyens imaginables pour préserver les pigeons de ces terribles ennemis; il est même prudent de garnir d'ardoises le mur au-dessous de la porte, afin de mettre un obstacle invincible à leur invasion.

Il faut toujours veiller, en toutes saisons, à ce que les pigeons de volière ou *mignons* soient nourris abondamment, parce que leur ponte est très-fréquente ; négliger de leur donner à manger, la ferait cesser à l'instant. Cependant, dans le temps où les grains abondent dans les champs on peut diminuer leur ration, mais jamais la supprimer entièrement. En conséquence, une trémie est un meuble indispensable, surtout au moment de la plus forte ponte. Dans les mois de novembre et décembre, on peut se borner à leur donner à manger une fois par jour ; et en janvier, il faut leur donner de préférence du chenevis et de la vesce, qui les échauffent et les disposent à commencer leur ponte en janvier ou février. La pompe doit être aussi toujours garnie de bonne eau claire.

Comme les pigeons mignons ne s'écartent pas de leur demeure, il faut placer aux environs une ou deux petites augettes pas trop creuses, dans lesquelles on tient toujours de l'eau propre. Ils se baignent souvent, ce qui est très-nécessaire à leur santé.

On ne doit pas négliger aussi d'entretenir toujours des morues sèches dans la volière.

Si l'on n'a pas l'intention de laisser sortir les pigeons, ce que l'on fait ordinairement pour les volières que l'on entretient dans les villes, on pratique en avant de la volière, du côté exposé au midi, une espèce de grande cage en fil de fer, où les pigeons vont prendre l'air, s'ébattre et se réchauffer au soleil. Dans ce cas, il est nécessaire de donner aux pigeons des herbages, comme de la salade, de l'oseille, du blé germé.

La volière se peuple comme nous l'avons indiqué pour le colombier. Elle réclame aussi les mêmes soins, et il faut chercher à rendre ses habitants très-familiers, ce qu'il est facile d'obtenir, en leur donnant souvent à manger à la main. Les nids doivent être nettoyés scrupuleusement à chaque couvée.

Souvent il arrive que les pigeons de volière ne préparent pas eux-mêmes leurs nids ; il faut donc y pourvoir à l'avance en y mettant de la paille fraîche un peu brisée et placée en rond. Faute de ce soin, les pigeons pondent à nu, et leurs œufs se refroidissent très-facilement.

Il est facile d'observer, dans les pigeons de volière, les couples qui ne font qu'un œuf, ou qui n'ont qu'un petit de deux œufs ; si cet accident se renouvelle, il faut supprimer le couple : il est défectueux. On peut savoir quels sont ceux qui sont les plus productifs et les plus habiles à soigner leur progéniture ; on sacrifie ceux qui manquent à leur devoir. Car une volière doit être très-productive, où elle est fort coûteuse.

Lorsqu'un accident quelconque prive de jeunes pigeonneaux de leurs parents, on peut les élever en leur faisant manger une pâtée, composée de farine des grains dont on nourrit les pères et mères. Mais cette paire de pigeons, à moins qu'on ne tienne beaucoup à leur espèce, ne devra pas être conservée, parce qu'élevés artificiellement, ils ne seront jamais aussi beaux.

Il faut veiller à ce que le nombre des mâles soit toujours pareil à celui des femelles, car il suffit d'un mâle isolé pour mettre le trouble dans toute la famille ; il y aurait moins d'inconvénient au défaut d'un mâle. La femelle serait fécondée par les autres mâles, et pourrait encore élever des couvées ; mais comme elle est seule pour soigner ses petits, ils ne viennent ni aussi vite, ni aussi bien que ceux qui ont toute leur famille.

Si l'on veut obtenir un croisement, il suffit de prendre le mâle et la femelle qu'on veut croiser ensemble, et de les enfermer dans une chambre à part. Quelque-

fois ils ne se conviennent pas et se battent assez longtemps ; mais bientôt la nature prend le dessus et ils
s'accouplent. Cependant, il y a des femelles qui refu-
sent obstinément un vieux mâle.

Les pigeons mignons conservent leur fécondité beaucoup plus longtemps que les pigeons fuyards, et seulement parce qu'ils sont mieux nourris ; elle peut durer jusqu'à dix ou douze ans ; mais le mieux est de les
supprimer plus tôt, et je pense qu'il ne faut pas les garder
au-delà de six à sept ans. Cependant, il arrive que
lorsque les pigeons ont perdu leur fécondité, ils emploient leur temps à seconder les autres dans leurs
soins de famille, et viennent au secours des jeunes
pigeons qui demandent souvent inutilement à manger
à leurs parents, qui, ayant deux couvées à soigner, ne
peuvent pas suffire et ne servent pas leurs petits chaque fois qu'ils le demandent. Il est très-touchant de
voir ces vieux parents venir au secours de leur arrière-
progéniture.

Afin d'éviter que les pigeons perdent leur temps à
couver des œufs clairs, ce qui arrive quelquefois,
même aux habiles, il est convenable de les mirer à
moitié couvée, ce qui est très-facile. Pour cela, on les
met dans la main gauche et on place dessus la main
droite sur champ, de manière que l'œuf soit entouré
d'un cercle obscur, absolument comme le verre d'une
lunette, en plaçant une lumière derrière, on regarde
l'œuf avec soin ; si on aperçoit un point plus foncé du
côté du gros bout, c'est que l'œuf est bon. Quelques
personnes se figurent que si l'œuf est bon, à mesure
qu'il approche de l'époque de l'éclosion, il acquiert du
poids ; c'est une erreur grossière : l'œuf, au contraire,
perd de son poids à mesure qu'il est couvé, il s'évapore
une grande quantité de liquide, qui est remplacée par

des corps plus légers, comme la plume, les os et la chair.

Si l'on voulait avoir des pigeons d'une espèce étrangère à la volière, on pourrait substituer des œufs à une paire de pigeons couvants; quelquefois ils sont dupes de cette manœuvre, mais pas toujours.

Il est facile de s'assurer quels sont les vieux couples pour les supprimer : ils ont les pattes couvertes d'écailles blanches au lieu de les avoir d'un beau rouge, le bec est mince, effilé et crochu, leur paupière est éraillée, leur œil terne, enfin leur plumage est moins frais.

Il serait convenable de retirer de la volière les jeunes couples qui sont destinés à la repeupler, aussitôt qu'ils peuvent se passer de leurs parents, parce qu'ils conservent l'habitude de les poursuivre pour avoir à manger, bien qu'ils puissent se passer de leur secours, et troublent leur nouvelle couvée. On les enferme dans une chambre séparée jusqu'à ce qu'ils aient oublié les soins maternels.

Les pigeons de petite espèce commencent à s'accoupler à quatre ou cinq mois; ceux d'espèces plus grosses à cinq ou six.

§ 2. — *Engraissement des pigeonneaux.*

J'ai parlé de l'époque convenable pour prendre et livrer à la consommation les jeunes pigeons. Voici le moyen de les engraisser.

Il faut les prendre avant que leur plumage soit entièrement poussé, alors qu'ils commencent à se placer sur le bord du nid. On les pose dans un panier plat, garni de paille, et qu'on couvre d'une toile épaisse, afin de les priver de lumière. Trois ou quatre fois par jour

et principalement le matin de bonne heure et le soir
avant le soleil couché, on leur fait avaler, en leur ouvrant le bec avec précaution, depuis cinquante jusqu'à
quatre-vingts et même cent grains de maïs, détrempé
depuis vingt-quatre heures dans de l'eau, ou, ce qui
est encore mieux, après l'avoir fait bouillir pendant
trois ou quatre heures dans de l'eau. Lorsqu'on a fait
manger un pigeon, on le place dans un autre panier
préparé de même à l'avance. On prend un second pigeon et on procède de même. Par ce moyen d'abord, on
s'assure qu'on a fait manger toute la famille, et outre
cela on la transporte dans une demeure propre. Sans
ce soin, ils prendraient une odeur de fiente insuppor-
table.

Au bout de cinq à six jours, les pigeonneaux sont
parfaitement gras. On peut remplacer le maïs par une
pâtée assez liquide qu'on leur introduit dans le bec
avec précaution au moyen d'un petit entonnoir.

§ 3. *Maladies.*

Penser à soigner les pigeons malades d'un colombier,
serait penser à une chose impossible. Quant à ceux de
volière, on pourrait quelquefois les traiter, mais la
plupart de leurs maladies sont incurables. Cependant,
si je ne donnais pas au moins la nomenclature des
maladies des pigeons, on considérerait cela comme un
oubli qui ferait mal préjuger de mon ouvrage, et
pourtant je garantis qu'on ne soignera pas ou que du
moins on ne guérira pas un pigeon sur mille. Je vais
donc indiquer le nom et le principal symptôme des
maladies et décrire le traitement de celles qui sont
guérissables.

En général, il est prudent de tuer un pigeon malade,

parce que leurs maladies sont très-souvent contagieuses, et pour chercher à guérir un individu, on court le risque d'en voir plusieurs autres atteints du même mal.

La *mue* est la chute des plumes, lesquelles se renouvellent chaque année. La mue rend le pigeon triste et sédentaire. Lorsque les pigeons sont bien soignés, il faut laisser faire la nature, bien nourrir, et la crise se passe. Dans une volière mal tenue, il succombe souvent des pigeons lors de la mue.

L'*avalure* est un défaut de conformation dans les organes sexuels, provenant d'un accident qui peut arriver à tous les âges chez la femelle. On sent une grosseur dans l'abdomen par la pression. Elle est incurable.

La *harde;* c'est un vice chez les femelles qui leur fait pondre des œufs sans coquille. Cela vient ordinairement (quand ce n'est pas un défaut naturel qui est incurable), de ce que la femelle a pondu trop souvent par un accident quelconque qui lui a fait perdre les couvées; il faut alors lui faire couver les œufs d'autres pigeons ou même des œufs clairs. Si, à la ponte qui suivra cette couvée, les œufs sont encore *hardes,* il faut détruire le couple.

L'*apoplexie* tue un pigeon dans un instant; il tombe comme foudroyé; s'il ne succombe pas de suite, on peut lui couper deux ongles, et mettre la patte à tremper dans de l'eau tiède, même un peu chaude. Si on obtient une émission sanguine, l'animal est sauvé.

L'*indigestion* arrive lorsqu'après un long jeûne on donne, imprudemment, trop de nourriture à la fois. On peut tenter de forcer la digestion par un peu d'ail qu'on fait avaler de force, ou un peu d'eau mêlée de vin et fortement sucrée. Si on ne réussissait pas, il faudrait recourir à une opération qui consiste à ouvrir le jabot et à en extraire les aliments, puis à le recoudre. Cette opération offre peu de chances favorables.

Le *chancre* est une maladie contagieuse. Le pigeon est triste et a le bec plein de mucosités jaunes : il faut tuer le couple, nettoyer et laver avec le plus grand soin le nid.

Le *ladre*. Lorsqu'une paire de pigeons perd ses petits trop tôt, il arrive qu'il leur reste quelquefois des aliments qu'ils avaient préparés pour eux, car ils commencent la digestion des aliments avant de les dégorger à leurs petits. Il faut leur donner une autre paire de pigeonneaux de l'âge des leurs S'ils l'acceptent, ils sont sauvés, sinon, le mal est incurable. On peut cependant tenter une diète absolue. Les pigeons atteints du ladre sont tristes, et leur peau se couvre d'une foule de petits boutons. Leur jabot est rempli d'une espèce de pâte liquide.

Le *torticolis*, qui n'a pas besoin d'être décrit, puisqu'on l'aperçoit aux mouvements de torsion du cou de l'oiseau, est incurable et héréditaire. Il faut tuer l'oiseau atteint.

L'*épilepsie* se caractérise chez le pigeon comme chez l'homme. Incurable.

La *goutte* attaque les vieux pigeons surtout; elle vient d'un pigeonnier mal tenu. Nettoyez pour éviter la contagion du mal, qui est incurable.

Le *dévoiement* est la suite d'une mauvaise nourriture. Améliorez-la en donnant de la vesce, de l'orge et autres grains de bonne qualité.

Les *vers* attaquent quelquefois ces oiseaux, et on les trouve en masse à l'anus. Incurable.

Il arrive quelquefois que presque tous les pigeons d'un colombier, ou même d'une ville, deviennent lan-

guissants et meurent ; cela tient à une nourriture
malsaine qu'ils vont chercher au dehors. Il faut tâcher
de la découvrir et de la soustraire à l'avidité des pigeons.

§ 4. *Produits.*

Comme je l'ai dit précédemment, les pigeons fuyards
font d'assez grands dégâts dans les champs, surtout
dans les cultures modernes. Ce n'est pas tant par le
grain qu'ils mangent que par la quantité de semences
qu'ils détruisent lorsqu'elles commencent à germer.
Il est donc à présumer que les colombiers seront interdits ou au moins réduits à une proportion en rapport avec l'étendue de la propriété à laquelle ils ap-
partiendront. Leurs produits consistent en pigeonneaux
et en fiente appelée colombine. Ils coûtent peu au propriétaire et sont d'un assez bon rapport, comme je l'ai
déjà dit. C'est le public qu'ils ruinent. Quant aux pigeons de volière, ils ravagent peu, parce qu'ils sont
convenablement nourris ; ils s'éloignent peu, leurs
courses sont des promenades. Les pigeons de volière
conviennent surtout à une petite exploitation, parce
qu'ils réclament des soins fréquents qu'on ne pourrait
pas leur donner dans une grande exploitation, où les
travaux de tous les genres abondent. Ils sont aussi
beaucoup plus productifs, et leurs petits sont d'une
qualité très-supérieure.

Pour nourrir les pigeons de volière avec avantage,
il faut avoir à bon compte les grains qui les nourrissent.
S'ils coûtent plus de deux francs le double décalitre,
on sera en perte, car il faut bien se persuader qu'il serait inutile de réduire leur nourriture lorsqu'elle est
chère, les produits se réduiraient en proportion. Il

paraît que chaque paire peut consommer deux doubles décalitres de grain par an, ce qui fait 4 fr. Des pigeons nourris avec cette abondance couvent avec succès. Bien qu'ils puissent faire sept à huit et même neuf couvées par an, il ne faut compter que sur six en moyenne, car le chapitre des accidents est grand là comme autre part. Or, le prix des pigeons varie beaucoup, selon la localité ; il peut varier de 1 fr. 50 c. la paire à 75 cent. Prenons un terme moyen de 1 fr., ce qui donnera 6 fr., plus 50 cent. pour la colombine, à déduire pour nourriture 4 fr., pour frais généraux 50 cent., restera 2 fr. par paire, ce qui serait très-beau, s'il n'arrivait pas dans la volière une foule d'accidents qui réduisent beaucoup le bénéfice, comme les maladies, les dégâts causés par les animaux nuisibles, les jeunes pigeonneaux qu'il faut garder pour remplacer les vieux.

Le plus grand avantage des pigeons dans une maison de campagne, c'est d'avoir à sa portée un mets sain, agréable et toujours prêt. Dans une grande exploitation, on emploie pour leur nourriture une foule de grains qui seraient presque sans valeur, comme les graines provenant du marc de raisin, les graines de pin et de soleil, des restes de graines, de pois de jardin, des criblures de lentilles, même des pommes de terre bouillies et écrasées. Voir au chapitre *Nourriture*, page 26, ce que je dis à ce sujet. Alors on peut compter un bénéfice plus considérable.

CHAPITRE II.

De la poule et du coq.

Il est inutile de faire ici l'éloge si bien mérité de la poule et du coq ; leur utilité est assez connue pour n'être point contestée ; il s'agit seulement de faire connaître les meilleurs moyens de les faire pondre, de les reproduire, élever et engraisser. Je vais dire ici tout ce que ma longue expérience et mes études ont pu m'apprendre sur cet intéressant sujet.

§ 1. — *Choix des poules et du coq.*

Il y a plusieurs races de poules, très-distinctes, et de plus celle appelée *commune* qui est un composé de toutes ces races et qui est la plus répandue.

Les poules communes sont de moyenne grosseur dans les pays où elles sont bien nourries, petites dans

(*Fig.* 3.)

ceux où elles le sont mal ; de toutes nuances, et souvent à demi-sauvages ; elles volent presque à l'égal des perdrix et sont d'une telle habileté à chercher leur nourriture, qu'elles causent de véritables dégâts dans les cultures ; mais comme on ne peut pas calculer, *mesurer*, je dirai, ce qu'elles mangent et surtout ce qu'elles *gâtent*, les bonnes ménagères de campagne qui ont de ces poules, se réjouissent en disant : mes poules pondent beaucoup et ne coûtent presque rien à nourrir. Ce raisonnement ne peut être admis par quiconque aime à se rendre compte des choses, seul moyen de savoir s'il y a perte ou profit dans quelque entreprise que ce soit.

Les poules communes donc, quoique bonnes pondeuses et bonnes couveuses, ne sont point celles que je choisirais pour peupler ma basse-cour, à moins que l'absence de cultures aux environs ne me permit d'en avoir sans en supporter les dégâts.

Il y a en Normandie, à Crève-Cœur particulièment, (Oise), une espèce de poule toute différente de celle que je viens de décrire, et qui fournit à Paris ces belles volailles dont les marchés abondent. Ces poules sont basses des jambes, ont les cuisses grosses, les ailes et le dos larges et carrés en quelque sorte, l'abdomen assez volumineux et pendant, surtout chez celles qui ont plus d'un an. Elles marchent lentement, grattent peu, ne volent pas du tout. Leur plumage est noir, ou noir et blanc panaché ; elles portent sur la tête une grosse huppe et une très-petite crète droite et en cornes ; sous le cou, une grosse cravate de plumes qui leur donne l'air de matrones. Elles sont très-familières, très-peu coureuses et préfèrent chercher leur nourriture dans la cour, sur le fumier, plutôt qu'au loin. Elles pondent plus tard et peut-être moins vite que la poule commune, mais leurs œufs sont beaucoup plus gros et leur ponte dure plus longtemps. Elles couvent aussi plus

tard et sont sujettes à casser leurs œufs à cause de leur
poids; elles pèsent au moins un tiers de plus que la
poule commune; elles sont très-faciles à engraisser.

Le coq, analogue dans la forme à la poule, a un brillant plumage soit doré soit argenté; sa tête est richement surmontée d'une belle huppe qui, jointe à une
crête grosse et dentelée, ayant deux espèces de cornes,
forme sur la tête une espèce de couronne. Il porte aussi
une épaisse cravate de plumes, qui est ornée de deux
beaux pendants de crête,

Il existe aussi à Barbezieux, dans la Charente, une
très-belle race de poules noires, très-forte, basse sur
jambes et carrée comme la poule normande; elle porte
une crête grande et tombante, elle est aussi grosse que
la poule normande et a sa forme; elle engraisse facilement et a les mêmes mœurs. Le Mans possède aussi
une belle et bonne race. Ces deux espèces sont surtout
destinées à faire les poulardes, si célèbres, que four-
nissent ces deux villes. Un chapon de ces trois races,
bien engraissé, peut peser jusqu'à 4 kilog.; une poule
sans engrais, mais bien en chair, comme elles le sont
ordinairement, pèse 2 kilog. au moins.

La *Poule russe,* espèce encore nouvelle en France,

(Fig. 4.)

est fort grosse; elle est très-haute sur jambes, et sa grosseur tient plus aux dimensions de sa largeur qu'à l'abondance de sa chair. Elle est pauvre de plumes, toujours de couleur jaunâtre. Sa tête, presque sans crête pour ainsi dire, est munie d'un grand bec; elle est frileuse et craint la pluie; elle est assez bonne pondeuse; mais ses œufs sont petits. Les poussins sont très-difficiles à élever, parce qu'ils craignent beaucoup la pluie, à cause de leur défaut de plumage; ils naissent presque sans duvet. Les poules russes sont douces, peu coureuses et peu habiles à chercher leur vie. Le coq leur ressemble beaucoup; il est fade.

La *Poule appelée anglaise* comprend trois variétés;

(*Fig.* 5.)

toutes sont petites; il y en a deux de même grosseur; l'une jaunâtre picotté de blanc et ressemblant pour la forme à une perdrix, quoique plus grosse, et l'autre d'un blanc parfait. Elles sont pattues, c'est-à-dire qu'elles ont des plumes jusque sur les ergots; elles sont très-basses sur jambes et fort en chair. Le coq des jaunes est orné d'un riche plumage doré, éclatant; il porte une crête droite et est d'une hardiesse et d'une effronterie remarquables. L'autre variété, toute semblable à celle-ci pour la grosseur et les formes, porte un plumage totalement blanc. Elles sont charmantes. La troisième variété est encore plus petite. Leur taille ne dépasse pas celle de la perdrix grise ; leur plumage est à peu près semblable à celui de la première variété ; mais ses couleurs sont plus variées encore ; le plumage du coq le cède peu à celui du faisan doré, et il est encore plus hardi et plus effronté que celui des autres variétés.

Ces trois variétés de poules sont très-productives ; elles pondent beaucoup, couvent très-bien et de très-bonne heure, même dans l'hiver, et sont fort habiles à élever leurs poussins. Elles grattent beaucoup, mais sans faire de grands dégâts, à cause des plumes qui garnissent leurs pattes. Elles courent peu.

Enfin, il y a une espèce de poule bizarre qui a les plumes tout hérissées ; elles sont blanches ou noires, frileuses, timides, ne peuvent guère couver et pondent modérément ; elles peuvent être curieuses ; mais elles sont fort laides.

Lorsqu'on veut peupler une basse-cour, il faut faire le choix d'une race et ne conserver qu'une espèce de coq ; sans cela, dès la seconde année, on aura des poules communes, par le mélange des races. C'est la localité qui doit déterminer la race qu'on choisit. Si l'on veut avoir beaucoup d'œufs pour la vente, et qu'on ne craigne pas les dégâts, il faut prendre la poule commune et ne la laisser couver qu'autant qu'on veut renouveler sa basse-cour, ou qu'il n'est pas possible de l'en empêcher, comme je le dirai plus loin. Peu de jours après avoir été détournée de son besoin de couver, elle se remet à pondre et peut faire trois pontes, qui peuvent être au moins de 25 œufs chacune.

Si, au contraire, on veut avoir de belles et fortes volailles, bien grasses, et qu'on craigne la dévastation, il

3.

faut avoir des normandes, ou la race de Barbezieux. La beauté de leurs œufs, qui ne serait peut-être pas appréciée au marché à sa valeur, dédommagera de leur moindre abondance, et comme elles pondent plus longtemps et couvent moins, il suffira de les empêcher de couver une fois, si l'on veut avoir tout ce qu'elles peuvent couver d'œufs.

Les poules anglaises ne sauraient suffire seules aux besoins d'une basse-cour, à moins qu'on ne soit obligé de tenir les poules enfermées. Elles coûtent peu à nourrir et pondent beaucoup; elles ont des poulets de très-bonne heure, qui, de plus, sont excellents, bien en chair, *rondelets* comme des perdrix rouges, mais pas plus gros.

Il est très-avantageux d'avoir de ces poules dans une basse-cour montée en poules normandes, parce qu'elles les devancent de beaucoup dans l'époque de la première couvée, bien qu'elles ne puissent pas couver plus de six à sept œufs de grosses poules. Elles sont fort habiles à conduire leurs poussins. Dans ce cas, il ne faut pas avoir de coq anglais; une partie des œufs des grosses poules seraient bâtardés, et on perdrait la race; car ces coqs, malgré leur petite taille, sont très-ardents et parviennent à féconder les grosses poules.

Il naît de l'accouplement des gros coqs avec les poules anglaises de la plus grosse espèce, car pour celles de la petite l'accouplement est impossible, une race mêlée qui conserve les qualités de la poule anglaise et a plus de taille. Elles peuvent couver un plus grand nombre d'œufs, comme neuf à dix, et sont très-avantageuses pour la couvée. Mais si on laisse encore cette race se croiser avec les gros coqs, on a la poule commune; il est facile de l'éviter, car les œufs de ces poules sont beaucoup plus petits que ceux des poules normandes, quoiqu'un peu plus gros que ceux des poules anglaises. On ne les fait pas couver.

Quant aux poules russes et aux poules hérissées, je pense qu'il n'y a aucun cas à faire de ces espèces comme produit, et je n'engagerai jamais à en peupler une basse-cour. La grosseur de la poule russe même ne peut la faire rechercher pour la table, parce que, comme tous les animaux montés sur de longues jambes, elles prennent difficilement la graine, et leur grosseur, comme je l'ai dit, est plutôt due à la grande proportion de leurs os qu'à la quantité de leur chair.

On doit mettre le plus grand soin au choix qu'on fait des coqs, car c'est d'eux, en partie, que dépend le succès des couvées; aussi, avec un bon coq, on n'aura pas ou presque pas d'œufs clairs; avec un mauvais, ils le seront presque tous. Il faut un coq par douze ou quinze poules, quand on a le soin de ne pas le garder au delà de quatre ans; il en faut un pour six ou sept poules, si on le garde au delà de trois ou quatre ans.

Un coq doit avoir l'œil très-vif, le regard et le port effrontés, le plumage abondant et de couleurs éclatantes, le bec gros et court, la crête riche et d'un beau rouge, les pattes armées de bons éperons. Il doit être ardent à carresser les femelles, à les appeler aussitôt qu'il trouve quelque chose à manger, qu'il leur offre; il doit s'occuper le soir de les rassembler pour aller au poulailler et se débattre avec beaucoup de force lorsqu'on le prend; il doit chanter souvent et être toujours prêt à défendre les poules. S'il est timide et qu'il ait l'air doux, il n'est pas bon. Les coqs perdent souvent par accident ou par maladie leur faculté fécondante. C'est à la fermière de s'assurer qu'ils remplissent bien leur devoir auprès des poules et qu'ils ne font pas

que le simulacre de la fécondation, car souvent un coq
grimpe les poules sans accomplir cet acte. Il est facile
de s'en assurer en les observant. C'est souvent faute
de cette surveillance qu'on voit tant d'œufs rester
clairs dans les couvées.

La poule doit être douce, bien emplumée, avoir le
bassin large et l'abdomen gros et pendant, très-
richement garni de plumes; elle doit s'occuper constamment à chercher sa nourriture et témoigner la
plus grande tendresse pour ses poussins. Si elle était
farouche, elle casserait ses œufs quand on va la lever
pour la faire manger lorsqu'elle couve, et tuerait ses
jeunes poussins en marchant dessus lorsqu'elle les
conduit.

Si on ne veut avoir des poules que pour la ponte, on
peut très-bien se passer de coq; les poules pondent à
peu près autant; mais alors les œufs ne sont pas propres à la reproduction. Il y a de petits villages entiers,
pauvres, où il n'y a pas de coqs; on doit donc bien se
garder d'acheter des œufs au marché pour les faire couver. En retour, les œufs non fécondés se conservent
plus facilement que les autres.

Les coqs commencent à cocher les poules à trois
mois. Il faudra donc écarter de la basse-cour ceux qui
seraient arrivés à cet âge. S'ils ne convenaient pas,
quant à l'espèce, et qu'on voulût encore faire faire des
couvées, on pourrait les faire chaponner.

La vigueur du coq aussi bien que celle de la poule ne
durent que trois à quatre ans au plus. Après ce temps,
la ponte des poules diminue sensiblement, et on trouvera un plus grand nombre d'œufs clairs. Il y a
donc avantage réel à renouveler la basse-cour
tous les trois ans, mais pour ne pas la renouveler
tout à la fois, on élague chaque année un certain

nombre de poules et de coqs et on les remplace par de jeunes bêtes.

On doit toujours apporter le plus grand soin dans le choix des bêtes destinées à la reproduction, et livrer à la vente, ou à la cuisine, celles qui n'ont pas toutes les qualités qu'on recherche ; on parviendra, par ce moyen, à améliorer considérablement la race. Cette considération est très-importante.

Il est très-difficile d'amener un coq tout élevé dans une basse-cour où on a déjà des coqs, parce qu'ils lui livrent de terribles combats ; il est donc préférable de les élever chez soi ou de détruire les anciens coqs quand on veut en avoir un nouveau.

§ 2. — *Quelques considérations sur l'éducation des poules.*

Quand on a une basse-cour fermée, il faut renoncer à tout profit sur l'éducation des volailles, parce qu'on est obligé de les nourrir toute l'année, et leur nourriture coûte plus ou au moins autant que leur produit ; dans ce cas, il faut considérer l'élève de la volaille comme un amusement et non comme un revenu. Cependant, comme il est facile d'avoir sous la main des œufs frais et des volailles prêtes à être mangées, on peut faire entrer cette considération en ligne de compte.

Un moyen d'avoir des volailles enfermées avec un certain avantage serait de les acheter au printemps, au moment de la première ponte. On en ferait couver quelques-unes et on s'opposerait à ce que les autres couvassent, par le moyen que j'indiquerai plus loin. Les poussins élevés et la ponte faite, après quelques jours de repos et de bonne nourriture, qui permettraient aux poules de se remettre et même d'engraisser, on les vendrait sans perte, et il est à présumer que leur ponte et leur couvée paieraient les frais de nourriture ; car lorsqu'on garde les volailles toute l'année, il y a au moins quatre à cinq mois pendant lesquels elles sont improductives, et comme il faut néanmoins les nourrir, cette nourriture absorbe tout le profit qu'on aurait pu faire pendant le temps de la production.

Il en est tout autrement quand les poules sont libres de courir hors la cour et dans les champs, les chemins, les bois ou les terrains vagues qui environnent leur habitation ; on peut alors se dispenser de leur donner à manger une grande partie de la belle saison, et si on leur en donne, c'est en si petite quantité, que cela n'est pas très-coûteux ; et d'ailleurs, je répète ici ce que j'ai dit dans l'introduction de cet ouvrage, si on n'a pas à sa disposition, soit en les achetant, soit provenant de sa ferme, des graines à bas prix, pour l'alimentation des volailles, elles coûteront plus qu'elles ne rapporteront. J'indiquerai, à l'article *Nourriture des poules,* quelques moyens économiques de les nourrir dans la morte saison, ce qui ajoutera beaucoup au profit qu'on en peut tirer ; mais je dirai de suite que lorsqu'on a une grande quantité de déchets de grains, de criblures ; qu'on transporte des gerbes, qu'on manie des grains, qu'on a beaucoup de fumiers et enfin des terrains sans culture, comme des bois, des chemins, de grandes cours où les poules peuvent trouver une bonne partie de leur nourriture, soit végétale, soit animale, il y a avantage réel à élever un bon nombre de poules, surtout si on y joint les moyens économiques de nourrirent que je vais indiquer.

On doit tenir un compte exact des dépenses qu'occasionnent les poules, et pour cela donner une valeur

à tout ce qu'on leur distribue en nourriture. On donne
ensuite une valeur à tous leurs produits, et, par ce
moyen on pourra se rendre compte de ce qu'elles coûtent et rapportent. La balance indiquera s'il y a avantage ou perte dans leur entretien.

§ 3. *Poulailler*.

On appelle ainsi le logement des poules. Le poulailler doit être plus ou moins grand, selon la quantité
de poules qu'on veut avoir, car il ne faut pas qu'elles y
soient entassées ni trop au large. La meilleure exposition est le levant, surtout si on peut pratiquer au nord
une ouverture qu'on condamne l'hiver. Il est toujours
très-avantageux de pouvoir, à volonté, établir un courant d'air dans le poulailler. L'exposition au nord est
tellement mauvaise qu'on doit faire tous ses efforts pour
l'éviter.

Lorsqu'on veut faire beaucoup d'élèves, il faut que
le poulailler soit séparé en deux, parce que l'une des
parties est destinée aux couveuses et aux mères ayant
des petits. Les deux poulaillers peuvent se communi-
quer au moyen d'une porte qu'on ferme à volonté; mais
ils doivent avoir chacun une issue pour sortir dans la
cour. Il serait très-avantageux que ce second poulailler eût, en avant, une petite cour particulière exposée
au midi ou au levant, et dans laquelle il y aurait un ou
deux arbres, par exemple un mûrier dont les poules
mangent les fruits avec avidité et un accacia dont elles
mangent aussi avec plaisir les fleurs, et les feuilles qui
tombent, soit par accident, soit parce qu'elles sont arrivées au temps de tomber; elles mangent également
la graine assez abondante de ces arbres, qui, avec le
mûrier, leur procurent un bel ombrage. On ferait sortir

les couveuses dans cette cour pour les faire manger, ainsi que les mères ayant des poulets assez jeunes pour ne pas les mêler encore aux autres volailles. Ce poulailler et cette cour seraient aussi employés à recevoir quelques poules et un coq de choix qu'on y enfermerait pendant la ponte du printemps, afin d'avoir des œufs d'élite à donner aux couveuses. Cette petite cour pourrait encore, à l'automne, être employée au commencement de l'engraissement des volailles avant de les enfermer, comme on le verra à cet article.

Les fenêtres seront garnies d'un grillage en fil de fer ou d'un gros tissu métallique, et munies d'un volet qu'on fermera l'hiver pour préserver les volailles du froid, et l'été, le jour, pour les préserver de la grande chaleur. La porte, qu'on doit toujours tenir fermée aura une ouverture placée à $0^m 15$ de terre et fermant avec une petite planche glissant dans des coulisses. On tient cette planche levée pendant le jour. Cette petite porte ne doit avoir que juste la dimension convenable pour permettre à une poule de passer. Si on laissait la grande porte ouverte, on exposerait le poulailler aux attaques des chiens. Le sol du poulailler doit être un peu plus élevé que celui de la cour.

Dans l'épaisseur des murs, à la hauteur de quatre-vingts centimètres environ, on pratique de petites cases pour servir de nids. On cloue au bas des cases, en avant, une petite planchette de dix centimètres de hauteur pour former un rebord. Au-dessus des cases, on dispose une planche qu'on lève le matin et abaisse le soir, pour les fermer, afin d'éviter que les volailles aillent s'y coucher et salissent les nids. Il faut avoir le soin de lever la planche en allant ouvrir aux volailles et de la fermer avant l'heure du coucher.

Pour que les poules puissent monter facilement à

leur nid, on leur fait un escalier au moyen d'une planche sur laquelle on cloue de petites traverses qui leur servent de marches ; cet escalier conduit à une planche placée en avant des nids au-dessous du rebord; elle forme un couloir qui règne devant tous les nids, afin que chaque poule puisse se rendre facilement au sien.

Le perchoir le plus convenable est une échelle de largeur proportionnée à celle du poulailler, dont les échelons sont assez écartés les uns des autres pour que les volailles s'y placent à l'aise. Cette échelle se pose assez inclinée pour que la fiente des volailles placées sur les échelons supérieurs ne tombe pas sur celles qui occupent les échelons inférieurs. Le premier échelon doit être assez bas pour que les poussins puissent y monter dès qu'ils commencent à percher. Cette disposition est infiniment préférable à toutes les autres, et permet de loger un bien plus grand nombre de bêtes dans le même espace sans qu'elles soient entassées. C'est la même disposition que celle d'un gradin disposé pour recevoir des pots de fleurs. Chaque poule adopte une place qu'elle occupe le plus habituellement.

Les cases ou nids du poulailler destiné aux couveuses doivent avoir chacune une fermeture particulière afin de pouvoir fermer le nid de celles pour lequel c'est nécessaire. Ces cases peuvent être établies comme celles du poulailler principal.

La litière du poulailler doit être rafraîchie très-souvent et entièrement renouvelée au moins tous les quinze jours. Cet entretien de propreté est de première importance ; il en est de même des nids dont la paille doit être changée très-souvent. L'échelle-nichoir sera aussi grattée. Chaque nid sera garni d'un œuf de plâtre; c'est une mauvaise habitude d'y laisser tantôt un œuf, tantôt l'autre, parce que si le hasard fait rester le même plusieurs jours, il pourrit. On peut y laisser un œuf; mais alors on le marque avec de l'encre (le charbon s'efface), et on laisse toujours le même dans le nid.

On peut placer aussi les couveuses dans des paniers à terre, si les çases du poulailler qui leur est destiné ne suffisent pas. Ce poulailler sert de succursale au premier poulailler, lorsqu'à l'automne l'abondance des élèves encombre le poulailler principal. Il faut aussi y recevoir les canards si on n'a pas un logement à part pour eux, ce qui serait beaucoup mieux. L'intérieur du poulailler doit être blanchi à la chaux une fois par an, après avoir procédé à un nettoyage général et de fond.

Il convient de tenir près de la porte du poulailler un petit timbre, ou, pour mieux dire, une augette pleine d'eau. L'hiver, quand il gèle, on doit avoir le soin d'y mettre de l'eau chaude, au moins deux fois par jour, afin que les volailles aient le temps de se désaltérer avant que l'eau gèle de nouveau. C'est une grande faute de laisser les poules boire dans des mares infectes et contenant de l'eau en putréfaction; cette eau leur cause souvent des maladies.

Les poulaillers sont quelquefois infectés d'une espèce de petits poux, qui font grand tort aux volailles. Une extrême propreté, le blanchissage fréquent des murs et du plafond du poulailler peuvent l'en débarrasser. On pourrait aussi couler du mastic de Dyle dans tous les petits interstices qui se trouveraient dans les nids, et faire crépir les murs avec un bon mortier de chaux et de sable. Le bas des murs devrait être crépi en chaux hydraulique, qui, bien préparée, forme un crépissage très-uni et très-dur qui donnerait peu d'accès aux poux.

Si les poules sont tenues dans une cour fermée, il

faut avoir le soin d'y faire une petite fosse qu'on remplit de cendre ou de sable très-fin, afin que les poules puissent aller s'y poudrer. Il doit y avoir quelques plantations sous lesquelles elles puissent aller se mettre à l'ombre, comme je l'ai déjà dit. Le mûrier noir commun, l'hybride, le mûrier blanc sont convenables ; ces deux dernières espèces poussent avec une rapidité extrême quand ils ont été plantés avec soin ; l'acacia doit aussi abonder dans les lieux fréquentés par les poules. Comme je l'ai dit précédemment, elles sont très-avides de toute la dépouille de cet arbre.

§ 4. *Nourriture.*

Toute espèce de grain convient aux poules ; cependant, elles mangent difficilement le seigle. Le blé noir, le maïs, l'orge et le froment sont les grains qui les nourrissent le mieux ; le chenevis les dispose à la ponte et à la couvée, mais l'abus les échauffe tellement qu'elles en tombent malades. Elles aiment aussi beaucoup la jarousse, les pois, les lentilles, les graines de tournesol, le marc de raisin ou de cidre, les pois chiches, la graine de moha de Hongrie , qui convient beaucoup aux petits poulets; les fruits sucrés ou gâtés, et une foule de graines de diverses plantes sauvages. En général, on les nourrit avec les criblures de grain et les déchets du battage, qu'on appelle dans certains pays *épigeaux*, dans d'autres *dégrains*, criblures, écréances. C'est le moyen le plus économique, et à peu près le seul qui offre des chances positives de profit, car ces déchets ne sauraient être employés à d'autres usages. Ces criblures et ces déchets ne se trouvent pas dans le commerce ; ils sont tous employés dans les fermes. On trouve cependant, chez les meuniers, des criblures qu'on achète à assez bon compte; mais il faut bien se défier, parce que souvent ce grain paraît bon à manger, et il n'a que l'écorce; les volailles le rebutent nécessairement.

Mais les poules ne sauraient se nourrir exclusivement de grains; il leur faut des herbages, des insectes ou de la viande, des matières animales enfin; il faut donc procurer cette variété d'alimentation aux poules qui sont enfermées. De la salade, de l'oseille, des épinards, des sarclages de jardin leur conviennent. On leur procure une nourriture animale, soit au moyen d'une *verminière*, que je vais décrire et dont on doit la première idée à *Olivier de Serres*, ministre du roi Henri IV, et grand agriculteur, soit en leur distribuant des débris de viande crus ou cuits; elles mangent très-bien les os concassés. Elles sont très-avides aussi des crysalides de vers à soie, et des papillons qui ont servi à faire la graine. Mais il ne faut pas leur en donner en grande abondance, comme cela arrive dans les lieux où il y a des filatures de soie, parce que leurs œufs contractent un goût désagréable.

Les betteraves crues et coupées en petits morceaux carrés de la grosseur environ d'un centimètre sont une excellente nourriture pour les volailles en général. La première fois qu'on en fait la distribution les poules les regardent, puis se décident peu à peu à en picotter quelques morceaux. On les laisse à leur disposition. Le lendemain, on fait une nouvelle distribution et elles commencent à en manger; elles finissent par les avaler avec avidité. Cette excellente nourriture les engraisse beaucoup, mais ne saurait suffire seule; il faut absolument de la variété dans la nourriture des volailles; elles mangent très-bien aussi les topinambours et même les pommes de terre crues. Ces trois derniers aliments sont fort économiques, parce que ces divers légumes ont très-peu de valeur, eu égard à la quantité qu'il en faut pour nourrir des poules.

On peut, tant qu'ils durent, c'est-à-dire depuis la moitié d'octobre jusqu'à la fin d'avril, leur en donner deux fois par jour, en y ajoutant toutefois un peu de grain.

La betterave aussi bien que les topinambours et les pommes de terre ne les disposent pas bien, à la ponte ; elle les porte plutôt à la graisse.

On prépare ces betteraves à la veillée ; un enfant peut très-bien faire ce petit travail. On les fend d'abord dans une partie de leur longueur à un centimètre d'épaisseur ; on pratique les mêmes fentes en croix, puis on les coupe en travers au-dessus d'un panier destiné à recevoir les morceaux. Lorsqu'on est arrivé au bout des fentes longitudinales, on les continue comme on a d'abord fait, et on coupe de même, etc., etc.

Les topinambours et les pommes de terre se préparent d'une manière analogue. La betterave est, de ces trois légumes, celui qui convient le mieux aux volailles.

Les pommes de terre cuites et écrasées seules ou mêlées de son et de caillé, conviennent aussi très-bien à la nourriture de la volaille et sont fort économiques ; elles ont, comme les légumes crus, l'avantage de très-bien préparer les volailles à l'engraissement, de sorte qu'on peut atteindre la perfection à très-peu de frais.

Lorsque les poules sont libres, il est beaucoup plus convenable de leur distribuer la nourriture à des heures fixes, et toujours à la même place qui doit, autant que possible, être près du poulailler, bien nette et éloignée du fumier. La régularité, dans cette distribution, a l'avantage de les rappeler toutes, ce qui permet d'abord de les compter. Puis on les verra à l'avance se rapprocher du lieu de la distribution, tandis que si l'on donne tantôt à une heure, tantôt à une autre, il y aura des volailles absentes qui ne profiteront pas du repas, car il ne faut jamais distribuer assez de nourriture à la fois pour que, le repas fini, il en reste à terre; outre la perte, cette surabondance dégoûte les animaux et leur nuit au lieu de leur être utile. D'ailleurs, je répète que si on donne du grain en aussi grande quantité, les poules ne paieront pas leur nourriture. Il faut qu'elles glanent, qu'elles trouvent une partie de leur vie ; de plus, la régularité des repas convient parfaitement au maintien de la santé de tous les animaux. Il n'y a que les betteraves dont il peut rester un peu à terre après le repas, surtout dans la saison où les poules sont privées de nourriture fraîche, parce qu'après avoir cherché quelques grains ou quelques insectes, elles viennent manger quelques morceaux de betteraves.

En Angleterre, où l'on a apporté un grand perfectionnement dans tout ce qui se rapporte à l'éducation du bétail et à l'industrie, on emploie, pour donner à manger aux poules, une *trémie* (*fig*. 6). On dépose le grain dans cette trémie, qui peut se fermer à clé. Le grain descend dans de petites cases qui sont fermées par une trappe à bascule; celle-ci s'ouvre lorsque la poule vient se percher sur une petite barre de bois qui est placée devant la trémie. Aussitôt que la poule descend, la trappe se referme ; de cette manière, aucun animal plus léger que la poule ne peut participer à sa provision, et plusieurs poules peuvent manger à la fois. Il y a une trappe de chaque côté de la trémie, qui est carrée. Le grain est à l'abri des ravages des rats et des moineaux.

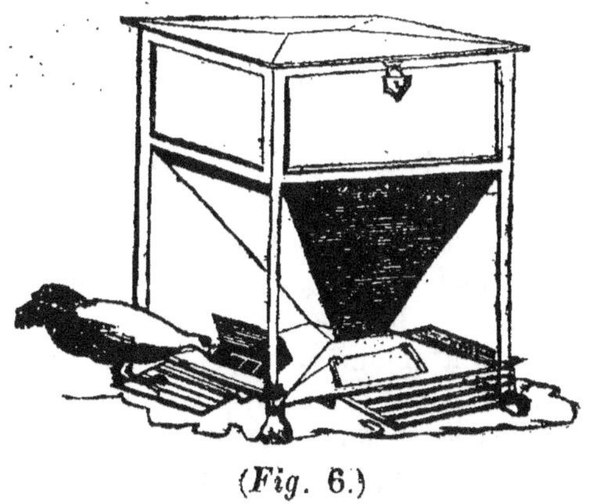

(*Fig.* 6.)

Cette trémie peut être employée pour les pigeons ; on proportionne la force de la bascule au poids des pigeons.

J'ai dit précédemment que les poules étaient très-avides de vers et d'insectes de toute espèce. Voici le moyen de s'en procurer un grand nombre, et ce moyen peut être employé avec le même avantage pour les poules enfermées que pour les poules libres. Il consiste dans l'établissement d'une *verminière*. Voici comment on la prépare.

On fait une fosse dont on tapisse le fond d'une couche de paille de seigle hachée très-menue et de 0^m 12 à 0^m 15 d'épaisseur ; on recouvre cette paille d'une bonne couche de crottin de cheval, et ensuite d'une couche de terre sur laquelle on répand du sang de bœuf ou d'autre animal, qu'il est facile de se procurer à la boucherie, du marc de raisin ou de cidre mêlé d'un peu d'avoine et de son ; on y ajoute toutes les tripailles qu'on peut se procurer et même des charognes. On recommence une seconde couche, composée comme la première, ainsi de suite jusqu'à ce que la fosse soit pleine. On la recouvre d'une couche de terre, puis de broussailles, afin que les poules ne puissent pas gratter.

Peu de jours après, ce composé entre en fermentation et donne naissance à des milliers d'insectes et de vers. Chaque matin, un homme, en trois ou quatre coups de bêche, donne la provision de la journée, qui est distribuée à la basse-cour, et il recouvre soigneusement l'endroit entamé avec les broussailles. Cette distribution convient beaucoup aux poules, elle excite leur appétit et les dispose à la ponte et à la couvée.

Il faut placer la verminière dans un endroit écarté, parce qu'il s'en exhale une très-mauvaise odeur chaque fois qu'on l'entame.

§ 5. *Ponte.*

La ponte commence plus ou moins de bonne heure, suivant la température et le climat. C'est ordinairement de janvier en mars qu'elle commence. Si on n'ôtait pas les œufs aux poules, elles voudraient couver aussitôt que leur ponte serait terminée ; mais comme on les prive de leur couvée, la ponte se continue au-delà de ce qu'elle serait dans l'état de nature, et les poules, bien nourries et libres, peuvent pondre de vingt à vingt-cinq, jusqu'à trente œufs de leur première ponte, selon leur fécondité et leur âge. Si elles sont trop grasses, elles pondent moins, et souvent des œufs hardes et sans coquilles, qui ne sont propres ni au transport ni à la couvée. Si elles sont trop maigres, leur ponte en souffre aussi ; elles doivent donc être maintenues, ce qu'on appelle *en bon état,* c'est-à-dire en bonne chair, sans trop de graisse.

Lorsqu'une poule a terminé sa ponte, qui peut durer plus ou moins de temps, selon sa fécondité, son âge, ou d'autres circonstances qu'il est difficile d'apprécier, elle demande à couver. Si on ne le veut pas, il faut la mettre sous une mue et la priver de nourriture pendant une couple de jours, lui donner seulement à boire. On pourrait aussi lui donner quelques herbages, et la baigner à plusieurs reprises dans de l'eau fraîche; elle oublie ce besoin de couver, et lorsqu'on lui laisse la liberté, elle court çà et là. Bientôt la crète qui s'était décolorée à la fin de la ponte, se colore de nouveau et elle recommence à pondre. Mais quelquefois, au lieu de faire une ponte complète, elle pond cinq ou six œufs et redemande à couver. Dans tous les cas, la seconde ponte est beaucoup moins considérable que la première.

Les poules aiment les endroits obscurs et tranquilles pour pondre, aussi quand on les dérange souvent dans leur *pondoir* du poulailler, elles l'abandonnent pour aller *nicher* ailleurs. On ne doit donc entrer dans le poulailler que vers midi, une heure, parce qu'à cette heure les pontes sont ordinairement faites, ou si l'on a besoin d'œufs frais, il faut épier avec adresse un moment où les cases du poulailler ne sont pas ou peu garnies par les poules, y entrer avec précaution et ne pas chercher les œufs dans les nids occupés.

Quand une poule prend l'habitude d'aller pondre hors du poulailler dans un endroit caché, il faut l'épier, la suivre de loin afin de découvrir sa cachette et ne pas y toucher parce qu'elle l'abandonnerait pour une autre. Lorsqu'il y a une certaine quantité d'œufs on en enlève une partie, et lorsque la ponte est finie on enlève tout. La poule dégoûtée au moment de l'espérance de la couvée retourne souvent au poulailler.

4

Si on s'apercevait qu'elle garde son nid la nuit, ce qui arrive souvent aux poules avant de couver, il faudrait aller l'y prendre à la nuit et la porter dans le poulailler.

On peut ainsi saisir dans le poulailler, avant d'ouvrir le matin la petite porte, les poules qui ont l'habitude d'aller pondre hors de leur habitation, on les tâte en introduisant avec précaution le doigt dans l'anus. Si elles ont l'œuf on les enferme dans un des nids du poulailler et on ne les laisse sortir que lorsqu'elles ont pondu. En répétant cette manœuvre plusieurs fois on les corrige.

On voit des poules ne pondre qu'un œuf en trois jours, d'autres en pondre tous les deux jours, quelques-unes tous les jours et même deux fois par jour. La manière de pondre n'est pas régulière chez la même poule, elle se hâte plus ou moins sans qu'on puisse en apprécier la cause; cependant, ordinairement à la fin de la ponte, elle se fait avec plus de célérité.

La ponte des poules n'est pas régulière tout le temps de leur fécondité; la première année elles commencent à pondre vers l'âge de six mois si elles sont nées de très-bonne heure, comme en février ou mars, avril; si elles sont nées plus tard elles ne pondent qu'au printemps suivant, mais ordinairement leur ponte devance celle des vieilles poules, leurs œufs sont plus petits et le premier est souvent taché de sang. Alors c'est leur meilleure année.

A la seconde année elles pondent plus abondamment qu'à la première, lorsque ce sont des poules du printemps qui ont commencé à pondre à l'automne. C'est leur année la plus féconde et les œufs ont atteint tout le volume possible; la troisième année est encore bonne; à la quatrième la ponte est moins abondante et elle va en diminuant chaque année. A six ou sept ans une poule ne pond plus, il ne faut donc jamais les garder au-delà de quatre ans, à moins qu'on n'ait le désir de propager leur race.

Dans une basse-cour la ponte commence dès la fin de janvier, quand l'exposition est bonne et qu'on a le soin de donner quelques grains stimulants, comme le chenevis, les déchets de froment, le maïs, le blé noir, des insectes, des vers. Si on voulait avoir des pontes très-précoces, il faudrait établir dans une étable peuplée de bestiaux un petit poulailler dans lequel on ferait coucher les poules qu'on destinerait à cette ponte. On obtiendrait des œufs dans des temps où les poules du poulailler ne pondraient pas encore. Ce moyen est très-simple. Une bouche de chaleur pratiquée d'une cheminée dans le poulailler produit le même effet, il est quelquefois facile d'en établir une ; cela dépend de la disposition du poulaillier par rapport à la maison d'habitation.

En février et mars les poules plus tardives commencent à pondre ; avril et mai sont les mois les plus abondants ; juin donne aussi une assez grande quantité d'œufs ; mais en juillet la ponte se ralentit ; cependant on a les œufs des poules très-tardives ou de celles qu'on a empêché de couver au printemps.

En août et septembre la ponte reprend une certaine activité, c'est la seconde ponte pour les poules qui ont élevé et la troisième pour celles qu'on a détourné de la couvée.

En octobre et novembre, la ponte cesse presque entièrement, c'est le temps de la mue.

Au mois de décembre, la ponte est tout-à-fait nulle, à moins qu'on ait mis à part quelques poulettes précoces pour les nourrir avec du chenevis, des vers, du maïs, du blé noir, de l'avoine et des pommes de terre écrasées et données chaudes, et qu'elles aient été logées comme je viens de le dire. C'est le meilleur moyen de se procurer des œufs frais dans cette saison où ils ont une grande valeur. Il faut aussi tenir les poules dans un lieu exposé au soleil et surtout tâcher de les faire séjourner sur du fumier. Le poulailler, lorsqu'il gèle très-fort, sera exactement fermé et on pourra même condamner les fenêtres avec de la litière de paille.

On ne doit pas négliger de dénicher tous les jours les œufs et même aussitôt après l'heure de la ponte, d'abord à midi, puis vers quatre à cinq heures, parce que si l'on néglige de les lever il y a souvent des poules qui commencent à couver et qui gardent le nid ; leur séjour sur les œufs en altère beaucoup la qualité ; ils subissent un commencement d'incubation qui nuit considérablement à leur conservation, et, lors même qu'il n'y aurait pas de couveuses, comme les poules choisissent de préférence les nids garnis d'œufs pour pondre, elles causent la même altération et peuvent en outre en casser.

Une poule née de très-bonne heure dans cette première année peut pondre une quinzaine d'œufs dans la seconde, c'est-à-dire lorsqu'elles ne commencent à pondre qu'au printemps qui suit leur naissance. La troisième année la ponte peut atteindre soixante à soixante-dix, jusqu'à cent œufs ; à la quatrième elle n'en donne plus que trente-cinq à quarante ; après, la ponte diminue tellement qu'elle n'a plus de valeur.

Mais je répète que pour obtenir la quantité d'œufs que j'indique, il ne faut pas qu'une poule couve et élève, car dans ce cas, la ponte sera réduite au moins d'un tiers ; si elle couve deux fois, de deux tiers.

§ 6. — *Incubation ou couvée.*

Il n'est pas nécessaire d'avoir un coq pour que les poules demandent à couver ; mais si on n'en a pas leurs œufs sont impropres à l'incubation ; il faut leur en donner qui aient été fécondés.

Ordinairement, déterminées à pondre pendant la plus grande partie de l'année, tant à cause de l'abondance de la nourriture, que parce qu'on leur ôte leurs œufs, la ponte des poules dépasse très-souvent, toujours même, la quantité d'œufs qu'elles pourraient couver, sans témoigner le moindre désir de le faire ; et si la basse-cour n'est pas bien exposée les poules ne demandent à couver que fort tard : comme en juin ou juillet. Ces poulets tardifs ne valent jamais les précoces pour faire des pondeuses ; leur mérite est d'être encore tendres et bons à manger lorsque ceux du printemps commencent à perdre cette qualité ; ce sont toujours les premiers nés qui deviennent les plus beaux. C'est pour cela que j'engage à avoir quelques poules anglaises dont la précocité, toutes conditions semblables, facilite beaucoup les incubations précoces. Dans d'autres basses-cours, au contraire, toutes les poules veulent couver de très-bonne heure, c'est-à-dire en février, mars, avril, et la ponte se trouve suspendue trop tôt. C'est surtout dans ce cas qu'il faut détourner une partie des poules du désir de couver.

Lorsqu'une poule commence à sentir le besoin de couver, elle fait un cri particulier qu'on appelle *gloussement*; elle tient les ailes échartées, cherche du grain par terre sans manger, enfin elle finit par rester sur le nid et sa passion devient telle, qu'elle couve n'im-

4.

porte quels œufs on lui donne, même ceux de plâtre qu'on met dans les nids.

Si on veut donner des œufs à la poule qui annonce ainsi le désir de couver, il faut la laisser vingt-quatre heures sur le nid avant de lui confier les œufs qu'on veut lui faire couver, afin d'être assuré qu'elle éprouve bien réellement ce besoin. Si, au contraire, on ne veut pas qu'elle couve, aussitôt qu'on s'aperçoit de quelque chose qui l'indique, on l'enferme sous une mue qu'on place dans un lieu frais ; on la trempe dans de l'eau froide plusieurs fois par jour et on la prive de nourriture pendant deux jours, se bornant à lui donner à boire et quelques herbages. Et malgré tous ces soins on ne réussit pas toujours à la détourner de couver.

Il est très-important de faire un choix dans les poules qu'on veut faire couver ; elles ne sont pas toutes également propres à remplir cet important devoir. Il faut qu'une couveuse soit douce, qu'elle se laisse approcher quand elle est sur le nid, qu'elle se laisse même prendre sans la moindre difficulté, car si elle est farouche on peut être assuré qu'elle n'amènera pas la couvée à bien, qu'il lui arrivera des accidents, comme de casser une partie de ses œufs ou de les abandonner.

On doit proportionner le nombre d'œufs mis à l'incubation à la grosseur de la poule ; il y a avantage à en mettre moins que plus, parce que lorsqu'une poule ne couve pas bien tous ses œufs, comme elle les change très-souvent de place, il est à craindre que l'incubation soit suspendue dans le plus grand nombre ; alors ils sont perdus ; de plus l'inquiétude qu'éprouve une bonne couveuse de ne pas pouvoir couvrir tous les œufs la dérange de son devoir.

La plus grosse poule ne peut pas couver au-delà de quinze œufs et ordinairement douze ou treize sont très-suffisants. Les poules anglaises de la plus grosse variété ne peuvent pas en couver plus de six ou sept de grosse poule; dix à quinze des siens.

On dit qu'il faut toujours mettre un nombre d'œufs impair sous une couveuse; mais je n'ai pas grand foi dans cet *on dit*. Très-souvent, il ne reste qu'un nombre pair d'œufs sous la couveuse et ils viennent à bien; je ne puis donc ajouter aucune foi à cet on dit; c'est un préjugé.

Lorsqu'on a décidé de mettre une poule à couver, il faut lui préparer son nid avant de mettre les œufs et la poule dans le petit poulailler que j'ai indiqué, et qui est destiné à la couvée. Si la saison était très-peu avancée et qu'il fît encore froid, il serait préférable de placer la couveuse dans une écurie habitée ou dans un endroit tranquille, ni froid ni humide et pas trop éclairé. La paille placée dans le nid, après avoir été légèrement froissée dans les mains, doit être très-foulée en-dessous et offrir une surface presque plate qui ne puisse pas céder par la pression du poids de la poule et des œufs, car si son nid creuse au milieu, tous les œufs s'y rendent, ils se trouvent superposés les uns sur les autres, ce qu'il faut absolument éviter; il est donc très-important que le nid soit peu concave, mais cependant assez pour que les œufs y tiennent rangés les uns à côté des autres lorsque la poule est placée dessus.

La paille convient mieux que le foin, parce qu'il s'y engendre moins d'insectes.

Il est presque toujours convenable de couvrir la poule pendant les deux premiers jours, si on l'a mise à couver dans un panier. Dans certaines provinces de

France, comme en Poitou et en Tourraine, on emploie pour faire le pain des paniers d'osier ronds et sans ances qui sont très-convenables pour faire couver les poules. Si on a placé la poule dans une des cases du petit poulailler que j'ai décrit, on baissera la petite planchette pendant le même temps ; quelquefois même on est obligé de tenir la couveuse cachée tout le temps de la couvée, ce qui est fâcheux. Dans ce cas, il faut la lever une fois ou deux par jour pour la faire boire et manger et prendre un peu d'exercice. Si la poule est très-douce et privée, et qu'elle reste bien sur son nid, il est préférable de la laisser libre. On lui place à manger et à boire dans un endroit où elle peut aller, et elle se lève quand elle veut : il est cependant bon de s'assurer qu'elle est retournée à ses œufs avant le temps qui est nécessaire pour qu'ils refroidissent et qui est une demie-heure. Si on avait le poulailler destiné aux couvées, on mettrait la nourriture des couveuses dans la cour, et une fois par jour on ouvrirait la porte, pour la laisser ouverte un certain temps : les poules se lèveraient seules pour aller manger. On pourrait même laisser la porte ouverte toute la journée et tenir fermées les cases des couveuses, qui ne sont pas assez habiles pour se lever seules, pour qu'elles ne puissent pas quitter leurs œufs mal à propos. Quand on n'a pas de petit poulailler, il faut que les couveuses puissent sortir de l'endroit où elles couvent.

Lorsque les poules sont trop farouches ou n'ont pas l'intelligence convenable pour se lever seules, il faut les lever tous les matins, comme je viens de le dire, et les placer sous une mue pour les faire manger. Une fois par jour suffit ; cependant, si la couveuse était trop ardente à la couvée et paraissait constipée, ce qui est fréquent, on pourrait la lever deux fois.

Il y a des poules qui sont tellement ardentes à la couvée qu'elles restent couchées à terre lorsqu'on les y pose pour prendre leur repas et ne manifestent guère le désir de manger ; elles sont aussi tellement échauffées qu'elles ont de la peine à fienter ; il faut leur donner quelques herbages, de la salade et de l'oseille coupées menu et mêlées de son mouillé. Des épinards, des herbes de jardin conviennent aussi. On laissera ces poules plus long-temps levées afin qu'elles se rafraîchissent un peu. Une poule peut rester une demi-heure absente de son nid sans que la couvée en souffre beaucoup ; mais il vaut mieux qu'elle reste moins.

Après huit jours d'incubation, il faut *mirer les œufs*, c'est-à-dire s'assurer quels sont les bons et les mauvais, afin de retrancher ces derniers; pour cela on place l'œuf dans la main droite devant une lumière et on pose la main gauche au-dessus, afin de faire ombre autour de l'œuf et que la lumière le traverse ; lorsqu'on aperçoit un point obscur au gros bout, l'œuf est bon. Après quinze jours de couvée l'œuf est à moitié obscur. On peut aussi, au bout de quinze jours d'incubation, mettre les œufs dans de l'eau tiède, même au degré de la température extérieure s'il fait très-chaud; dans ce cas même cette immersion est très-favorable à l'incubation. Les œufs surnagent alors, et tous ceux qui contiennent des poulets vivants s'agitent sensiblement; les autres restent immobiles. Alors en secouant ceux-ci vivement, on entend le bruit d'un liquide qui balotte , ce qui confirme la première observation : l'œuf est mauvais. Les œufs qui ne sont pas couvés vont au fond de l'eau; c'est donc une erreur, fort accréditée, cependant je crois que les œufs couvés pèsent plus que ceux qui ne le sont pas, puisque ceux-ci surnagent, tandis que les autres vont au fond.

La couvée dure de vingt à vingt-un jours, suivant l'assiduité et le talent de la couveuse et la température. Les œufs très-frais éclosent plus vite que ceux qui sont plus vieux; j'appelle des œufs vieux, ceux qui ont plus de huit jours. Ceux qui ont six semaines à deux mois ont peu de chances d'éclore, à moins qu'on ne les ai tenus dans un lieu frais, sec et presque privé d'air. Cependant il est arrivé qu'on a obtenu des poulets d'œufs plus vieux.

Il est inutile de chercher à distinguer les sexes par la forme des œufs. La nature garde son secret. On doit, de préférence, choisir les plus beaux œufs; les poulets sont nécessairement plus gros.

On ne doit point ajouter d'œufs à une couveuse un, deux ou trois jours après qu'elle a commencé à couver, lors même qu'elle aurait cassé une partie de ceux qu'on lui confie. Cela amène, dans l'éclosion, une irrégularité qui est très-fâcheuse; à bien plus forte raison il ne faut pas mêler à ses œufs d'autres œufs d'espèce différente qui n'écloraient pas en même temps que les siens; et, lors même qu'ils devraient éclore à la même époque, s'ils étaient de grosseurs différentes ils se nuiraient les uns aux autres et la couvée serait probablement imparfaite. Si enfin on était obligé de faire ce mélange, on enlèverait les petits éclos aussitôt après l'éclosion; alors ils réclament des soins tout particuliers et assez minutieux.

On ne doit entrer dans la pièce occupée par les couveuses que lorsque c'est nécessaire : elles aiment la paix et le silence. Il est surtout important que les coqs et les poules ne puissent pas aller les visiter, ce qui les troublerait beaucoup.

Comme je l'ai déjà dit, les poulets les plus hâtifs sont les meilleurs, mais aussi ils réclament des soins particuliers. Il faut mettre la couveuse dans un lieu plus chaud que le poulailler et ne point la laisser courir dehors avec ses poussins encore jeunes. Si donc on avait des couvées en janvier, février et commencement de mars, ils réclameraient des soins plus assidus que les poulets tardifs.

Ceux mis à couver en janvier et février même devraient être élevés dans une chambre chauffée, et on ne les ferait sortir que vers midi et au soleil pour les rentrer aussitôt que le température s'abaisserait.

Lorsqu'une poule est très-bonne couveuse, et que, la couvée achevée, elle ne paraît pas fatiguée, on peut lui en faire faire une seconde, mais jamais une troisième ; elle ne l'achèverait pas : elle mourrait. Dans le cas de deux couvées il faut, à la seconde, donner souvent à la poule des herbages et du son mouillé, ce qui la rafraîchit beaucoup. A bien plus forte raison, quand une poule a manqué la couvée à moitié par une cause qui lui est étrangère, on peut lui donner de nouveaux œufs. Dans ce cas, comme dans le premier, il faut lui en donner de tout frais pondus, afin que la couvée se prolonge le moins possible.

Une fois l'incubation commencée, il ne faut toucher aux œufs que pour les mirer, comme je l'ai indiqué, ce qui se fait pendant que la couveuse mange ; celle-ci saura très-bien les retourner et les changer de place afin que l'incubation soit bien régulière. En y touchant on risquerait de détruire ce que son instinct lui fait faire.

Il n'y a aucune foi à ajouter aux préjugés attachés à la couvée des poules, comme de choisir telle ou telle phase de la lune pour mettre à couver, de placer du fer au fond des paniers, etc., il faut laisser ces contes aux bonnes femmes.

Il est avantageux de mettre plusieurs poules à couvert le même jour ou à un jour ou deux de distance, parce que si l'une manque sa couvée et n'a pas un nombre suffisant de poulets, on les lui enlève pour les donner à une mère plus heureuse et on peut lui redonner des œufs. On peut même, sans qu'il soit arrivé d'accident aux couvées, donner les pouléts de deux couvées à une poule, s'ils sont à peu près du même âge ; mais il faut les mettre sous elle le soir avec les siens, sans cela elle les bat et les rejette. Alors, si on ne peut pas donner de nouveaux œufs à la poule qu'on a privée de ses poulets, on l'envoie dehors en s'assurant qu'elle ne continue pas de couver. Elle se remettra à pondre beaucoup plus tôt que si elle avait élevé sa petite famille. Sous ce rapport il est donc très-avantageux de réunir deux couvées.

Lorsqu'une couveuse est farouche, il faut éviter de la faire couver une seconde fois et lui enlever ses petits à mesure qu'ils naissent pour les donner à une mère plus douce, car il est présumable que son mauvais caractère nuirait beaucoup aux poussins, soit parce qu'elle les écarterait de la personne chargée de leur donner à manger, soit parce que sa sauvagerie lui ferait conduire ses petits dans des lieux écartés où il leur arriverait des accidents et où ils contracteraient des habitudes sauvages comme celles de leur mère, ce qui est fâcheux à plus d'un titre.

Il y a des couveuses qui mangent leurs œufs ; il est inutile de chercher à les corriger de ce défaut qui ne s'étend quelquefois pas au-delà d'un ou deux œufs. Si elles les mangent tous, c'est une poule à réformer, car elle mangera ses œufs et ceux des autres dans le poulailler.

Lorsque les poulets éclosent, il ne faut approcher de la couveuse que le moins possible, parce que les mouvements qu'elle fait pour défendre sa couvée peuvent causer des accidents. Cependant, si l'éclosion se prolongeait, il serait à propos de la veiller et de chercher à aider les petits qui ne pourraient pas éclore. Quelquefois la coquille étant restée longtemps ouverte, quand le poulet a *bèché* (percé la coquille), celle-ci s'est desséchée à l'intérieur, et le poulet, n'ayant plus l'humidité nécessaire, fait des efforts inutiles pour se débarrasser de sa coquille à laquelle il se trouve collé. Dans ce cas on le prend et on met quelques gouttes d'eau tiède sur les bords de la coquille, elles s'y introduisent et favorisent sa sortie. D'autres fois le poulet ayant *bèché* son œuf, a épuisé ses forces pour rompre la coquille suffisamment ; alors on cherche à débarrasser le bec d'abord, puis la tête, et on remet l'œuf sous la mère. Il faut bien se garder d'ôter le poulet de sa coquille, parce que, même à cette époque, l'incubation n'est pas complète, et si on détachait le poulet trop tôt, on verrait à son nombril un fragment de jaune ou de sang : le poulet serait perdu.

Quelquefois, lorsque l'époque de l'éclosion est passée, on entend le poulet crier et sa coquille est encore intacte. Dans ce cas on casse la coquille avec précaution du gros côté, à une place à laquelle on aperçoit un petit vide, c'est là que le poulet a le bec ; aussitôt qu'on est parvenu à faire une petite fente ou deux, il faut remettre l'œuf sous la couveuse. Quelquefois on sauve le poulet.

La veille ou l'avant-veille de l'éclosion, en visitant

les œufs pendant que la mère mange, on entend les poulets chanter dans leur coquille.

Il ne faut visiter la couvée que vingt-quatre heures après la première éclosion ; c'est alors qu'on peut recourir avec la plus grande précaution aux moyens que j'indique. Si à cette époque tous les poulets n'étaient pas éclos, et que cependant il ne s'y manifesta pas d'accidents, il faudrait laisser la nature achever son ouvrage. Cependant, il arrive quelquefois que lorsque la mère a un certain nombre de poulets bien éveillés, elle veut quitter son nid pour vaquer aux soins maternels et elle abandonne les œufs qui ne sont pas éclos. Dans ce cas, on lui enlève tous ses poulets, on les place dans un panier garni de plumes dans un endroit chaud, on tient la poule dans l'obscurité et elle achève sa couvée ; on lui rend alors ses petits.

Lorsque l'éclosion est achevée il faut enlever les coquilles du panier, si la mère ne les a pas ôtées elle-même, et, la première fois qu'on lève les poulets avec leur mère, il est nécessaire de changer la paille qui a servi à l'incubation; elle est souvent infestée d'insectes ; il faut la brûler et non la jeter avec négligence à terre dans le poulailler.

Quand on manque de poules pour la couvée ou qu'on veut empêcher de couver celles qui le demandent, ou qu'enfin on veut avoir un plus grand nombre de poulets, on peut employer des dindes pour couver. On traite ces couvées exactement comme je l'ai dit pour les poules. Une bonne dinde peut couver 30 à 32 œufs, même 36 s'ils sont petits. Elle prend de ses enfants adoptifs le soin le plus tendre et ils répondent à sa tendresse : une couvée a donc autant de chances de succès avec une dinde qu'avec des poules. On peut ainsi lui confier les poulets d'autres couvées, elle les accueille avec bonté, de même qu'on peut lui enlever ses petits à mesure qu'ils naissent et lui confier d'autres œufs sans craindre de la fatiguer, parce que, si elle couvait ses propres œufs, la couvée durerait trente jours ; il y a donc peu de différence entre une couvée simple d'œufs de dinde et deux couvées d'œufs de poule.

Il est inutile d'avoir un dindon pour que la poule dinde se détermine à couver ; lorsqu'elle a fini sa ponte, elle en manifeste le désir et je dirai même que les dindes sont fort habiles couveuses.

Il est indispensable, quand on fait couver un certain nombre de poules, d'avoir un petit registre sur lequel on inscrit le jour où l'on confie les œufs à la couveuse qu'on désigne, soit par un numéro placé sur son nid, soit par son signalement. Sans ce soin on peut laisser couver inutilement une poule dont les petits auraient péri dans la coquille par un accident quelconque, ou être indécis sur le jour des éclosions, ce qui ferait négliger les soins qu'elles exigent, etc., etc.; ce registre, très-facile à tenir, est indispensable pour les poules comme pour tous les autres oiseaux de basse-cour qu'on met à couver.

§ 7. — *Incubation et mères artificielles.*

Je ne puis pas terminer l'article de l'incubation sans dire quelques mots de l'incubation artificielle ; elle était plus en usage chez les anciens que chez nous. Les Égyptiens, dont les mœurs, les habitudes et les besoins étaient si différents des nôtres, en faisaient un grand usage, mais je crois que leur climat influait d'une part sur le succès, de l'autre sur la nécessité des couvées artificielles. Ces peuples en fai-

saient un secret qui était confié aux prêtres; c'est en
général cet ordre qui, dans les Etats, s'empare des
choses merveilleuses pour les exploiter et ajouter plus
de lustre à leur caste. Il paraît qu'ils ont gardé longtemps ce secret, mais à mesure que les lumières se
sont répandues et quand les ministres de la reli-
gion n'ont pu garder, pour l'exploiter à leur profit, le
monopole de l'intelligence et des connaissances hu-
maines, ce secret a été dévoilé et l'incubation artificielle s'est répandue dans le monde civilisé qui était
alors la Grèce. Olivier de Serres donne dans son
Théâtre de l'agriculture une description assez circons-
tanciée de ce travail. Réaumur a inventé ses thermo-
mètres, si utiles dans une foule d'autres applications,
pour étudier l'incubation artificielle. Mais il paraît
que ses essais n'ont pas été suivis d'un succès complet; il est donc inutile de les rapporter aussi bien que
ceux des prêtres égyptiens.

De notre temps des tentatives plus ou moins heu-
reuses ont été faites par différentes personnes. On
cite M. Boine, qui avait créé un établissement de ce
genre au Plessis-Piquet et qui y avait obtenu des succès, qui sans doute n'ont pas eu de suites, car il n'en
est plus question; puis messieurs Bonnemain, Sorel,
Lemaire, qui ont eu le même sort; enfin depuis
quelques années un Américain, M. Cantelo, a monté
à New-York d'abord, puis ensuite à Brigthon, près de
Londres, des établissements de ce genre; tout récem-
ment il en a été créé un autre près Paris, à la Va-
renne Saint-Maur sur la propriété de M. Caffin d'Or-
signy : cet établissement est en pleine activité depuis
trois ans. Jusqu'à ce jour le succès paraît suivre cette
nouvelle tentative, mais la question économique n'est
pas encore jugée et c'est là la question importante. Je

reste convaincu que le plus bel établissement de ce genre ne saurait donner de profits notables à ceux qui le créeraient, parce que je maintiens que l'éducation des volailles ne sera productive, c'est-à-dire, ne donnera *de produits nets,* qu'autant qu'on ne sera pas obligé de subvenir aux besoins d'alimentation durant toute l'année. Et dans quel cas serait-il possible de se trouver placé dans de semblables circonstances lorsqu'on élèvera des poulets par milliers ou même par centaines?... On me dira à cela qu'on cultivera autour du couvoir artificiel des champs, en plantes convenables à la nourriture des poulets. Oh! c'est alors qu'on se ruinera, car les poulets gâteront plus qu'ils ne mangeront, et au lieu de coûter 1 fr. 25 cent. à ceux qui les vendront un franc en les nourrissant toute l'année, ils leur coûteront 1 fr. 50 cent.

Si la base de la nourriture des poules n'était pas des grains utilisés pour la nourriture des hommes, ce qui élève beaucoup leur prix de revient, on pourrait arriver à les élever avec avantage sur une très-grande échelle dans un établissement bien dirigé, bien tenu, et ayant des cultures spéciales ; mais malheureusement les poules mangent les mêmes graminées que nous. Je crois donc qu'il faudrait chercher avant tout un moyen économique d'alimentation, puis s'occuper des établissements dont je viens de parler.

Je suis bien convaincue de ce que j'avance ici ; et je répète que l'éducation des poules, faite en petit par le pauvre, lui est en proportion plus profitable qu'elle ne peut l'être, même dans une ferme riche et bien organisée, parce que les environs de sa maison, où les poules peuvent chercher leur nourriture, sont presque aussi étendus que ceux d'une grande ferme et qu'au lieu de 150 têtes de volailles y cherchant leur vie, il n'y en a que 10 ou 12. Cependant, je reconnais que l'abondance des fumiers d'une ferme, offre aux volailles une foule de ressources qui ne sont pas à la portée de la couvée du pauvre ; quant aux couvoirs artificiels, comme ils ne sont ni dans l'un ni dans l'autre de ces cas, leurs profits se convertiront souvent en pertes sans aucun doute. La difficulté n'est pas précisément dans la réussite de l'éducation, mais dans le prix de revient de la nourriture. Ce serait donc sur des moyens économiques d'alimentation que devraient porter les études, plutôt que sur la couvée. La proximité de la capitale et de certaines autres villes fort riches, pourrait seule offrir quelques chances de profit à cause du prix élevé auquel s'y vendent les volailles, mais aussi les œufs employés à l'incubation, participant de la chèreté des volailles aussi bien que le salaire élevé des employés de l'établissement, la location du local, l'intérêt du capital employé à la confection des fours, le prix du combustible, enfin le nombre énorme d'œufs perdus absorberaient, sans aucun doute, les profits considérables en apparence que l'on pourrait faire sur chaque tête de volaille vendue.

De tout ceci, je conclus qu'il n'y a pas à s'occuper de l'incubation artificielle à moins qu'on n'en fasse un objet d'étude ou de curiosité ; or, comme mon ouvrage est une œuvre purement d'utilité, je m'abstiendrai d'entrer dans la description des couvoirs artificiels.

Il en est autrement des couveuses, ou pour mieux dire des mères artificielles qui peuvent être employées avec avantage dans les conditions *profitables* de l'éducation des poules. Aussi vais-je extraire de ma ***Maison rustique des dames***, l'article qui traite de ces mères, car je ne trouve rien de mieux à dire sur ce sujet que ce que j'ai déjà dit.

Une mère artificielle consiste en une peau d'agneau tannée et ayant conservé sa laine ; on la cloue sur un cadre de bois ayant 0^m 60 sur chaque face. Ce cadre est posé sur quatre pieds dont deux ont seulement 0^m 5 de hauteur, et les deux autres 0^m 10 à 0^m 12. Le côté le plus élevé forme le devant de la mère. On cloue également de la peau d'agneau sur les côtés, sur le devant et le derrière, mais on ne fixe pas au bas des pieds celle placée devant et celle placée derrière et qui tombe jusqu'à terre. On place cette espèce de petite maison sur une boîte de même diminution, qui se ferme et s'ouvre à volonté ; l'intérieur de cette boîte est garni d'une plaque de tôle d'un millimètre environ d'épaisseur ; celle qui garnit le couvercle est percée de petits trous. On renferme dans cette boîte des briques, des carreaux ou des pierres chauffées, puis on place la mère dessus. On accroche avec un ou deux petits crochets au-dessus de la chauffrette une planche qui retombe en pente jusqu'à terre et forme un petit promontoire pour conduire les jeunes poulets sous la mère artificielle. On les y met d'abord et ils se trouvent dans une petite chambre obscure, chaude et dont toutes les parois sont douillettes ; ils en sortent par devant et par derrière pour aller manger. La peau qui n'est pas fixée à la base se soulève pour les laisser passer et retombe à l'instant. Si quelquesuns n'avaient pas l'instinct de rentrer sous la mère, on les y remettrait, et après une ou deux leçons ils y rentreraient d'eux-mêmes. Cette mère remplace trèsbien la poule pour la chaleur.

Comme la mère est plus basse d'un côté que de l'autre, elle est aussi plus chaude, elle peut recevoir des poulets de plusieurs tailles ; les grands ne pouvant pénétrer dans l'endroit trop b as pour eux, les plus petits s'y réfugient ; enfin si les faibles étaient encore brusqués, chassés par les forts, ils sortiraient de dessous la mère sans le moindre effort, et, comme ordinairement les querelles des poulets sont de courte durée et sans rancune, les battus pourraient rentrer sous ce toit hospitalier. Il suffit de s'assurer de temps en temps si la chaleur qui s'échappe de la boîte est suffisante, et de renouveler le moyen de chauffage si elle ne l'est pas.

Le soir, comme leur chambre ouatée en quelque sorte, n'est plus refroidie par le mouvement continuel des petits qui entrent et qui sortent, et que d'ailleurs ils y sont entassés comme sous le ventre de la mère, la moindre chaleur suffit. Il faut avoir le soin, tous les matins, d'enlever la mère artificielle et de nettoyer le couvercle de la boîte chaude. On peut, lorsqu'il fait chaud, transporter tout l'appareil dehors et le mettre au soleil. Alors la chaleur de la boîte sera inutile ; celle de la peau sera suffisante. On peut placer la mère artificielle sous une mue un peu plus grande que les mues ordinaires, parce qu'elle occupe plus de place qu'une poule. On donne à boire et à manger aux petits tout-à-fait comme s'ils étaient véritablement sous la mère, et ils agissent de même.

Avec une mère artificielle comme celle que je viens de décrire, et qui est très-peu coûteuse, on peut parer aux accidents qui privent quelquefois les jeunes poussins de leur mère, ce qui cause souvent leur mort et les rend très-difficiles à élever. On peut aussi, lorsqu'on a fait couver des poulets à une dinde ou à une bonne poule couveuse, lui enlever les petits à mesure qu'ils naissent et lui donner d'autres œufs, ou réunir les poulets de plusieurs couvées et enfermer les mères, comme je l'ai indiqué, pour éteindre l'ardeur qu'elles ont à couver et oublier leurs petits pour obtenir une seconde ponte. Les poulets avec cette mère artificielle, ne demanderont qu'un peu plus de soin, puisqu'il faudra leur apprendre à connaître leur lieu de refuge, les rentrer et les faire sortir selon le temps et entretenir dans la boîte une chaleur convenable.

Les poulets élevés sous la mère artificielle seront nourris comme les autres ; cependant, comme ils seront privés de la variété de nourriture que leur trouve leur mère et surtout des insectes, il faudra tâcher d'y subvenir. On leur laissera leur mère tant qu'ils en feront usage. Il conviendra aussi de les appeler chaque fois qu'on leur distribuera de la nourriture, afin qu'ils s'habituent à se réunir comme lorsque la mère véritable les appelle. Si la laine de la peau d'agneau était salie par les excréments des poulets, il faudrait la laver et l'exposer à l'air et au soleil pour la bien faire sécher avant de la remettre sur les poulets. Ce soin même est nécessaire lors même que la laine ne paraîtrait pas sale, pour détruire les mites et les poux qui atteignent souvent les poulets.

J'ai souvent entendu dire et lu dans des ouvrages qu'on pouvait parvenir à faire couver des chapons ou à leur faire conduire des poulets. J'ai plusieurs fois tenté de les employer à cet usage, mais toujours sans succès ; je pense que c'est un tour de force auquel on parvient par fois, à force de patience, mais je ne crois pas pouvoir citer ce moyen comme une ressource.

Ce qui me fait penser, d'ailleurs, que les auteurs qui ont écrit cela l'ont fait sans connaissance de cause, c'est qu'ils disent aussi que les chapons perdent la voix par suite de la castration, ce qui n'est pas. Un chapon parfait chante bien, quoiqu'il le fasse moins souvent et avec moins d'ardeur qu'un coq.

§ 8. — *Soins à donner aux poussins.*

Comme je l'ai dit à l'article incubation, les poulets commencent à éclore le vingt ou vingt-unième jour, si les œufs ont été bien couvés et que la température ait été convenable; on les entend chanter dans la coquille dès le dix-huitième ou dix-neuvième jour, et ils *bèchent* (permettez-moi cette expression qui manque en français) leur coquille le dix-neuvième au soir, c'est-à-dire qu'on y aperçoit une petite cassure en étoile; mais la couvée n'étant arrivée à la perfection que le vingt-unième jour ordinairement, il ne faut compter que sur cette époque. Le vingt-deuxième jour tous les poussins doivent être nés.

Comme je l'ai dit aussi à l'article incubation, on est quelquefois obligé d'aider la nature ; mais comme il y a toujours danger à ne pas laisser agir cette habile maîtresse, on ne doit secourir le poussin que lorsqu'on voit qu'il est près de s'épuiser en efforts inutiles. En effet, il arrive quelquefois que l'œuf étant *bèché*, la coquille se brise plus qu'elle ne devrait l'être, et alors il semblerait que le poulet est arrivé à la perfection, ce qu'il est très-difficile de déterminer lorsqu'il est encore en partie dans la coquille. Si dans ce cas on l'aidait à naître, il mourrait aussitôt après. Il ne faut donc rien tenter qu'après les vingt-un jours écoulés, et après des efforts répétés et inutiles du pauvre petit.

On laisse les poulets vingt-quatre heures sous la mère sans s'occuper de leur nourriture, cependant, s'il y avait inégalité dans l'incubation il faudrait prendre les premiers nés qui commenceraient à montrer leur petite tête bien éveillée à travers les plumes de la mère, les en éloigner et leur donner quelques petites miettes bien fines de pain ; on en jette sur le dos des poulets qui les becquettent plus facilement sur leurs frères.

Lorsque toute la couvée est bien dégourdie, s'il fait froid on place la mère sous une mue dans une pièce saine et chaude ; autrement. dans un coin de cour abrité ; s'il fait chaud et si le soleil donne sur la mue, ce qui est très-favorable, il faut placer dessus une toile ou de la paille pour que les rayons du soleil ne donnent pas directement sur les poulets, au moins dans toute l'étendue de la mue. On mettra sous la mue une assiette peu creuse avec de l'eau claire, tiède s'il fait froid ; puis on jette de la mie de pain émietté autour de la poule ; on y ajoute du grain pour la mère, car malgré sa tendresse maternelle, elle avalerait le plus souvent la provision de ses petits : elle en mange toujours la plus grande partie. Il faut faire plusieurs distributions par jour et ne laisser les poulets sous la mue qu'une couple d'heure le premier jour, et encore il faut que ce soit une heure le matin et une heure après midi.

Quand ils ont mangé on les prend et on les couche dans le panier qui a servi à les faire couver ; quelquefois la mère suit la personne qui emporte les poulets et va se mettre d'elle-même sur son panier ; d'autres fois il faut l'y placer et même l'y couvrir, parce qu'elle pourrait en sortir et y laisser les poulets se refroidir. Il est même convenable de lui faire un nid à terre bien garni de paille, parce que lorsque les poulets sont plus forts ils sortent et rentrent à volonté sous la mue, sans accident, tandis que si on les laissait dans la case à couver ou dans le panier où aurait couvé la mère, ils tomberaient sans cesse et il résulterait beaucoup d'accidents de ces chûtes.

Le second jour on répète ces soins trois ou quatre fois et on ajoute au pain du millet et même du chenevis qui est très-favorable à l'élève des poulets, surtout si la saison est encore froide. Le troisième et quatrième jour on conduit la poussinée de la même manière en se gardant bien surtout de la laisser mouiller.

Vers le cinquième jour les poulets commencent à sortir à travers les barreaux de la mue et à se promener, et si l'écartement des barreaux de la mue ne leur permettait pas ces petites excursions, il faudrait soulever la mue d'un côté afin qu'ils puissent passer sans que la poule sorte. Si on a placé la mue dans une cour fréquentée par d'autres animaux, les petits se réfugient sous la mue et sous leur mère, à la moindre crainte ; d'autant plus que la mère inquiète les rappelle sans cesse.

Bientôt ils sont assez forts pour leur permettre un séjour plus long dehors et même une petite promenade hors de la mue avec leur mère; mais il faut encore longtemps avoir le soin de leur laisser à manger sous la mue, de les lever après le soleil le matin, et de les coucher le soir, avant le soleil. On peut leur donner du petit froment. Vers le cinquième et sixième jour les plumes de la queue et des ailes commencent à pousser et c'est la première crise de leur vie ; à ce moment ils demandent plus de soins ; il ne faut pas les laisser à l'humidité, on doit les coucher le soir plus tôt qu'à l'ordinaire et les bien nourrir. Lorsque l'on commence à voir les plumes de la queue et des ailes ils sont à peu près sauvés. On peut alors les laisser libres dans la basse-cour avec leur mère, en ayant soin, toutefois, de les appeler une, deux ou trois fois par jour pour leur donner à manger. Il faut veiller à ce qu'ils rentrent le soir dans un nid préparé à dessein à terre, et ne pas les laisser à la pluie, surtout lorsqu'ils sont nés avant qu'il fasse chaud. Lorsqu'ils commencent à se plumer, la pluie a peu d'influence sur eux, la mère sait bien les en préserver à moins que la couvée soit très-hâtive, dans ce cas elle demandera plus de soin, de surveillance. La pluie leur est toujours nuisible.

A un mois, cinq semaines, les poulets ne réclament plus de soins particuliers ; il faut seulement veiller à ce qu'ils assistent à la distribution générale, et si on n'en fait pas aux volailles de la basse-cour on leur en fait une pour eux, ce qui est facile s'ils ont été habitués à venir à l'appel.

Je dois dire ici, qu'en moyenne, on ne doit point compter sur plus de la moitié des œufs qu'on a mis à couver, non pas qu'il n'en éclose que la moitié, mais le chapitre des accidents est si étendu dans l'élève des volailles, qu'on ne doit point espérer de plus grands résultats. Lorsqu'on n'a qu'une ou deux couvées à élever on peut espérer mieux ; mais à moins de circonstances très-favorables on n'obtient que la moitié à l'état parfait de poulet. Les couvées qui éclosent en mai, juin et même juillet, ont plus de chances de succès, mais aussi les poulets sont moins gros et les poulettes ne pondent que l'année suivante, surtout celles de la fin de juin et de juillet ; en retour ils coûtent beaucoup moins à élever, parce que c'est l'époque de la moisson et les volailles profitent d'une grande quantité de grains qui seraient perdus sans elles.

Les poulets quittent leur mère environ à six semaines; alors ils savent tout aussi bien chercher leur vie que leurs parents et ne sont cependant encore guère propres à la cuisine; ils ont plus d'os que de chair; mais à trois mois on peut commencer à les manger sans qu'ils aient été engraissés; il serait même inutile de le tenter. S'ils sont bien nourris, ils seront ce qu'on appelle *en chair,* mais leur croissance, à cet âge, est trop rapide pour qu'ils puissent prendre de la graisse. Ce n'est que vers quatre à cinq mois qu'on peut tenter de les engraisser, encore n'y parviendra-t-on pas parfaitement avant qu'ils aient atteint toute leur taille, ce qui arrive vers six mois.

§ 9. — *Chapons et poulardes.*

On donne le nom de chapon aux coqs auxquels on ôte la faculté de se reproduire, et de poulardes aux poules qu'on amène à un état de graisse complet, avant qu'elles aient pondu. Dans cet état de dégradation les coqs prennent plus de développement et sont bien plus susceptibles de recevoir la graisse. Leur chair est aussi plus délicate.

C'est environ à l'âge de quatre mois qu'on fait subir au coq l'opération de la castration; il faut choisir un temps un peu frais, plutôt humide que sec, et éviter de faire des chapons en été pendant les grandes chaleurs.

Avant de faire chaponner il faut réunir sous une mue tous les jeunes coqs en état de l'être et les examiner avec soin, afin de faire son choix pour conserver les coqs destinés à renouveler ceux de la basse-cour ; on procède à l'opération sur les autres.

Il faut se munir d'un outil bien tranchant, soit couteau, soit ciseaux et d'une grosse aiguille enfilée de fil ciré. Si on avait un grand nombre de chapons à faire, il faudrait avoir un bon bistouri, parce que plus la blessure est nette et plus elle a de chances de guérison. Il est nécessaire d'être deux personnes pour chaponner ; l'aide place l'animal sur le dos, la tête en bas, sur les genoux de la personne qui doit chaponner et le tient solidement ; le croupion tourné vers l'opérateur, la cuisse droite fixée le long du corps, et la gauche portée en arrière, afin de découvrir le flanc gauche sur lequel l'incision sera faite. Après avoir arraché les plumes, on soulève la peau, un peu plus bas que le bout du brichet, avec la pointe de l'aiguille, pour l'éloigner des intestins, et on fait l'incision qui pénètre dans le ventre et qui doit être assez large pour permettre d'y introduire le doigt. Si quelques portions intestinales tendent à s'échapper, l'opérateur les retient, puis, introduisant le doigt indicateur dans l'abdomen (ventre), il le dirige sous les intestins, dans la région des reins, un peu sur le côté gauche du milieu du croupion. Il est assez difficile d'arriver jusque-là, surtout si le coq est de grosse espèce. Là le doigt rencontre un corps gros comme un haricot assez fort, qui est lisse et mobile, quoiqu'adhérent ; on l'arrache et on l'attire vers l'ouverture par laquelle on le fait sortir, ce qui demande de l'adresse et de l'habitude. Ce corps échappe quelquefois avant d'être extrait, et on ne peut le retrouver ; quoiqu'il vaille mieux le retirer, il peut rester dans le corps de l'animal sans grave inconvénient, s'il a été bien détaché. On procède de la même manière pour le second rognon qui se trouve à côté de l'autre du côté droit, puis on rapproche les lèvres de la plaie qu'on maintient en contact par quelques points de suture avec le fil ciré.

Pour placer ces points de suture, il faut avoir soin, chaque fois qu'on enfonce l'aiguille, de soulever la peau afin d'éviter d'offenser les intestins et de les prendre dans la suture, ce qui arrive quelquefois et entraîne presque toujours la mort de l'animal. Les soins à lui donner après la castration consistent à le mettre d'abord sous une mue dans un lieu paisible, et à lui présenter à boire et à manger ; puis il convient, peu de temps après, une ou deux heures par exemple, de le laisser un peu plus libre ; mais il vaudrait mieux ne pas le lâcher dans la basse-cour, ce qu'on fait ordinairement, parce que dans son état de souffrance il pourrait être attaqué par les autres volailles, ce qui nuirait beaucoup à la cicatrisation de sa plaie. La petite cour du poulailler des couveuses peut encore être employée à cet usage, parce que les mères occupées de leurs poussins ne songeraient guère à eux. D'ailleurs, dans la saison où se font les chapons, il n'y a plus guère de poulets assez petits pour qu'ils soient tenus enfermés dans leur cour.

Il faut aussi laisser les chapons coucher à terre sur de la paille fraîche, parce qu'en se juchant ils peuvent faire des efforts nuisibles à leur rétablissement. On pourrait, après la castration, leur donner un peu de mie de pain trempée dans du vin, afin de les stimuler. Il est bon le lendemain de la castration, et pendant trois ou quatre jours, de leur présenter de la farine et du son imbibés d'eau ; après ces premiers soins on leur rend leur liberté.

Il est nécessaire de ne pas tenir les chapons trop longtemps écartés de la basse-cour, parce que leurs camarades ne voudraient plus les reconnaître, et ils auraient des combats d'installation à supporter, ce qu'il faut surtout éviter. C'est sans doute pour prévenir ces accidents que les femmes de la campagne les lâchent dans la cour deux ou trois heures après la castration, sans autre soin particulier que de leur avoir donné à manger et à boire sous la mue.

Il arrive presque toujours que quelques sujets, ou plus difficiles à opérer, ou chez lesquels l'opération est moins bien faite meurent presque aussitôt ; il faut les saigner de suite ; ils sont très-bons à manger. Aussi les femmes de la campagne disent-elles que lorsqu'un chapon ne mange pas sous la mue il est perdu.

On est dans l'usage de couper la crète des coqs qui subissent la castration ; je crois que c'est une cruauté inutile, cependant on vendrait mal des chapons ayant leur crète.

Les crètes et les rognons des chapons sont très-recherchés sur les grands marchés. On les sert dans certains ragoûts comme les pâtés chauds, les fricassées de poulet, la tête de veau en tortue, etc., etc. : c'est un mangé fort délicat.

Si l'on voyait quelque chapon languissant le lendemain ou les jours suivant la castration, il faudrait le prendre et visiter la plaie. Si elle était enflammée on la laverait avec de l'eau tiède et une petite éponge ou un morceau de linge doux ; puis on la frotterait avec un peu de pommade camphrée une ou deux fois par jour. Mais si l'intestin a été fortement offensé, il n'y a pas de remède, l'animal périt. Souvent on met de l'huile et de la cendre sur la suture ; je présume que c'est pour éviter l'approche des mouches ; mais je craindrais que ces corps étrangers s'opposassent à la reprise de la plaie. En général, quant on a une personne un peu adroite pour faire l'opération, elle est presque toujours suivie de succès.

C'est une erreur fort accréditée que celle de dire qu'on castre les poules pour en faire des poulardes. Je ne sais pas si cette opération est faisable ; mais ayant voulu l'essayer à plusieurs reprises, comme elle est décrite dans une foule de livres qui traitent des volailles, je n'ai jamais pu parvenir à trouver *entre le croupion et la queue*, comme ils le disent, la glande à enlever. J'ai même essayé sur des poules que je tuais à dessein, sur une que nous avions fortement éthérisée, toutes mes recherches ont été inutiles, et des amis que j'ai à La Flèche, pays classique des poulardes, desquels je tiens le moyen de les engraisser de manière à pouvoir les décorer de ce nom qui fait leur réputation, m'ont assuré qu'on ne faisait subir aucune opération aux poules pour en faire des poulardes ; qu'il suffisait qu'elles n'aient pas encore pondu pour arriver à cet état parfait et presque incroyable de graisse. On verra par la recette que je donnerai pour l'engraissement et que je tiens de source sûre, qu'il y a des conditions essentielles pour arriver à faire une poularde de La Flèche ou du Mans, qui sont assez difficiles à remplir pour qu'on n'y parvienne pas toujours. Il faut beaucoup d'habitude, on ne l'acquiert que par une longue expérience ou en assistant au travail de l'engraissement.

Si on voulait se livrer un peu en grand à l'élève des chapons et des poulardes, il faudrait aussitôt qu'ils auraient atteint leur entière croissance les faire entrer deux fois par jour à une heure fixe dans une cour fermée pour leur donner à manger, ce qui serait assez facile, car les volailles connaissent très-bien l'heure de la distribution et apprennent facilement à suivre la personne qui la leur fait, et ainsi les bien disposer à l'engraissement par une nourriture abondante, bien réglée et variée, puis on les mettrait à l'engrais. Si on était placé assez à proximité d'un marché où es volailles grasses puissent se vendre un bon prix, car l'engraissement parfait est une chose fort coûteuse, je pense que ce serait une assez bonne spéculation. On en achèterait chez les propriétaires des environs pour les joindre à celles qu'on aurait élevées. Mais je répète qu'il faut se trouver placé dans des conditions favorables et de vente et d'alimentation. On pourrait même étendre cette spéculation à mesure qu'on acquerrerait de l'expérience et du savoir-faire, si les comptes de dépenses et recettes se balançaient avec avantage. Je crois qu'il y a plus à étudier et à gagner sur cette question que sur celle de l'incubation artificielle. C'est sur celle de l'alimentation que doivent porter les études.

J'ai vu des calculs faits par des gens instruits qui indiquaient 125 grammes de nourriture par jour pour un poulet; or, un kilogramme ne nourrirait que huit jours, ce qui représente plus de 4 kilogrammes par mois. Dans deux mois on aurait donc fait consommer huit kilogrammes et plus, dans trois mois treize kilogrammes, pour nourrir seulement. Quelle que soit l'espèce de grain qu'on emploie à cette alimentation, son prix dépassera toujours la valeur totale de la bête, surtout si on y joint ce qu'il a fallu dépenser pour l'amener du jour de sa naissance à l'âge de trois mois, puis ce qu'il faut pour achever l'engraissement de six à sept mois, âge où il commence à être vendable. Si l'on veut obtenir de très-belles bêtes, il faut les attendre au moins huit mois. On verra que la valeur du poulet ne pourrait rembourser ces frais. Je vais essayer, dans le chapitre suivant, de donner quelques procédés d'engraissement les moins coûteux possibles qui, joints à ceux que j'ai donnés pour l'alimentation jusqu'à l'engraissement, permettront, j'espère, de produire des volailles grasses avec moins de frais qu'en suivant les conseils de l'auteur que je cite.

§ 10. — *Engraissement des volailles.*

Toute la volaille n'est pas destinée à être engraissée ; il s'en consomme beaucoup avant de l'avoir été. Les gens qui les élèvent en vendent aussi une grande quantité de maigres aux personnes qui font métier de les engraisser, ou aux particuliers qui les achètent pour les engraisser chez eux pour leur propre usage ; toutefois, il y a des pays où les fermiers élèvent et engraissent ; mais ce n'est pas général.

Il est fort difficile, pour ne pas dire impossible, d'engraisser parfaitement un poulet qui n'a pas atteint toute sa croissance ; cependant on peut le mettre en chair et même lui faire prendre un peu de graisse. Dans cet état il est délicieux à manger, bien qu'il n'ait pas le même goût qu'une volaille dont l'engraissement est complet : sa chair a un goût plus relevé. Pour amener un poulet à cet état, il ne faut pas l'enfermer dans une épinette, comme je l'indiquerai plus loin pour les bêtes adultes, et comme on le fait presque généralement, mais le laisser libre et lui donner deux fois par jour du grain à manger outre ce qu'il trouve lui-même. Le maïs et le sarrazin conviennent parfaitement. On peut aussi lui donner une pâtée composée de pommes de terres bouillies et écrasées et d'un peu de recoupe, ou mieux de farine, non tamisée. On pourrait joindre à cela, si la saison le permettait, un repas de betteraves coupées comme je l'ai indiqué.

Lorsqu'on aura habitué un certain nombre de poulets à venir recevoir cette ration à des heures régulières, ils y viendront au premier appel ; mais il faudra faire bonne garde autour d'eux pendant qu'ils mangeront, car les autres volailles auraient bientôt dévoré ce qu'on leur donnerait : il serait mieux de les faire entrer dans la petite cour dont j'ai déjà parlé, ou dans un *petit parc* analogue à celui qu'on fait pour les moutons, et qui pourrait être composé de claies en osier ; dans les premiers jours, on les prendrait dans le poulailler le matin et on les mettrait dans le petit parc, où on leur distribuerait leur provende ; puis, lorsque le repas serait fini, on les ferait sortir, sans les effrayer, en enlevant une des claies. En trois ou quatre semaines on aura par ce procédé des poulets excellents.

On pourrait engraisser aussi par ce moyen des bêtes adultes, mais l'engraissement serait beaucoup plus long et moins parfait qu'au moyen des épinettes. Dans tout état de cause il est toujours convenable de commencer l'engraissement de la manière indiquée pour les poulets, douze ou quinze jours d'épinette suffiraient ensuite pour le compléter, tandis que lorsqu'on met les volailles *sans chair* dans l'épinette, il faut au moins trente à quarante jours pour les amener à la perfection ; encore n'ont-elles pas toute la chair convenable ; elles peuvent bien être grasses mais elles ne sont pas *rondes*. Pour les adultes il conviendrait mieux de les tenir constamment enfermées dans le petit parc, et surtout de ne pas mêler les coqs avec les poules, ni même les chapons, qui sont timides et seraient tourmentés par les poules et les coqs. On aurait donc un petit parc pour chaque espèce de bête.

Il serait peu coûteux d'avoir deux, trois ou même

quatre de ces petits parcs dans une exploitation où on élève beaucoup de volailles, et je suis convaincue que la facilité, la promptitude et la perfection de l'engraissement auraient bientôt payé ces frais, et que même les avantages qu'on en retirerait seraient plus considérables qu'on ne peut le penser tout d'abord. La régularité et le classement dans tout ce qu'on entreprend est une des conditions les plus importantes de succès. Au moyen de ces dispositions on saurait au juste ce que l'on donnerait à un certain nombre de volailles et on pourrait facilement se rendre compte des profits ou des pertes. Le parc se composerait de quatre ou de huit claies selon le nombre de volailles qu'on y voudrait renfermer; chaque claie aurait un mètre de hauteur sur 1 mètre 50 de longueur. On les soutiendrait par des piquets. Quand l'éducation serait terminée on les serrerait dans un grenier, entassées les unes sur les autres; elles tiendraient peu de place et se conserveraient très-longtemps.

Le soir, après le repas, on laisserait les volailles aller se coucher selon leurs habitudes.

D'après ce qui précède, pour avoir des volailles *fines grasses* dans toutes les saisons, il faut, au printemps, engraisser les élèves tardifs de l'automne, c'est-à-dire les poulets nés en septembre et octobre; en été ceux nés en janvier et février, en automne ceux de mars et avril, enfin en hiver tous ceux du printemps sont propres à l'engraissement. Les poulets nés en septembre et octobre, aussi bien que ceux nés en janvier et février, sont des exceptions qui dédommagent des soins qu'ils exigent par leur prix qui est beaucoup plus élevé que celui des volailles vendables à la fin de l'automne et en hiver.

Les épinettes sont une espèce de cage plus ou

moins longue, suivant le besoin, formée de plusieurs cases fermées en haut par une planche, glissant dans une coulisse, et en avant par un grillage de bois qui permet aux volailles de passer la tête pour manger. Le plancher de l'épinette est fait en barraux placés en travers, sur lesquels se juche la bête et qui donnent passage à la fiente; le derrière et les côtés sont fermés avec des planches. Il est très-important que les bêtes à l'engrais ne puissent pas voir leurs voisines. Au devant de ces petites cellules, dans lesquelles l'animal ne peut pas se retourner, on place une mangeoire qui doit être mobile, afin de pouvoir la nettoyer. C'est dans cette mangeoire qu'on distribue la nourriture liquide ou solide aux volailles à l'engrais. Elle peut avoir 0^m 10 de largeur sur 0^m 05 de hauteur. Les cases doivent avoir 0^m 50 de longueur sur 0^m 40 de hauteur et 0^m 25 à 0^m 30 de largeur. La cage entière formant l'épinette doit avoir en tout 0^m 50 de largeur sur une longueur déterminée par le nombre de cases qu'on y pratique.

Les épinettes doivent être posées sur des pieds élevés de 0^m 60 à 0^m 70, afin d'éloigner autant que possible l'animal de ses excréments, et l'endroit où ils tombent doit être garni de paille, *très-souvent renouvelée*.

On ne pourrait pas élever les épinettes davantage, parce qu'il deviendrait difficile de mettre et d'ôter les volailles dans leur case, ce qu'on fait souvent quand on veut les engraisser au *pâton*. Les épinettes doivent être placées dans un lieu obscur, sec, et dont on renouvelle l'air aux heures du repas au moyen de deux ouvertures placées vis-à-vis l'une de l'autre. Ces conditions sont des plus importantes.

Comme je l'ai déjà dit, il ne faut pas mettre de

volailles maigres dans les épinettes, elles engraisseraient sans prendre de chair et n'auraient ni poids ni mine. Il faut les traiter comme je l'ai indiqué ci-dessus, au moins quinze à vingt-cinq jours avant, si elles étaient tout-à-fait maigres, comme le sont le plus souvent les poulets qui grandissent beaucoup et ne sont pas bien nourris; moins longtemps s'ils étaient en bon état. Il faut donc s'assurer de l'état du sujet avant de le soumettre à l'engraissement de l'épinette.

Si l'on veut faire les choses de manière à en tirer tout le profit possible, il faut avoir plusieurs épinettes, et que toutes les volailles mises le même jour dans les cases arrivent aussi à peu près au même jour à l'état parfait de graisse, au moins à celui qu'on veut obtenir. Car si on ôte une bête grasse pour en mettre une maigre à la place et à côté d'autres camarades sur le point de terminer leur engraissement, le tapage que fera cette nouvelle prisonnière, la différence de nourriture qu'il faudra lui donner, apporteront une perturbation parmi les bêtes grasses qui leur fera perdre au moins deux jours d'engraissement, et si cela se renouvelle souvent on prolongera l'engraissement outre mesure, ce qui en augmentera la dépense et, de plus, on ne l'obtiendra pas tel qu'il devrait être. Par conséquent, lorsqu'on enlève un ou plusieurs sujets gras de l'épinette, il faut laisser leurs cases vides jusqu'à ce que les autres aient atteint leur perfection. C'est pour cela qu'il faut avoir plusieurs épinettes un peu distantes les unes des autres.

Il y a des animaux qui prennent plus ou moins facilement, plus ou moins vite la graisse; on peut juger aisément de ces différences de l'aptitude à l'engraissement dans les gros animaux tels que le mouton, le porc, le bœuf, et si on ne le juge pas facilement dans les poulets, c'est qu'on n'a pas fait les observations nécessaires. Ces connaissances n'existent guère que dans les pays où l'engraissement est devenu une spéculation : on verra à l'article engraissement des poulardes quelles sont ces conditions. Quant à moi, je suis convaincue qu'une volaille basse sur jambes, ayant le flanc et les épaules larges, le cou court, la crète rouge, sera plus apte à l'engraissement qu'une bête ayant les caractères opposés.

Pour revenir à nos épinettes, après cette utile digression, je conseille de ne remettre de sujet dans une épinette que lorsqu'elle est entièrement vide, et au fait, il n'est guère plus coûteux d'avoir quatre épinettes au lieu d'une ou de deux, et de les séparer les unes des autres par un paillasson ou un volet qui dépasse l'auge de 0ᵐ 50.

Lorsqu'une volaille est bien préparée à l'engraissement, quand on la met dans l'épinette, il suffit de lui donner du grain pendant deux ou trois jours pour l'habituer à son nouveau genre de vie, avant de la mettre à une nourriture plus substantielle. Si elle n'est pas aussi bien préparée, il faudra au moins six ou huit jours, encore ne prendra-t-elle pas aussi bien la chair que si elle était libre, parce que le repos et le silence de l'épinette la disposent trop à la graisse. Je ne puis trop répéter qu'il ne faut pas la pousser à la graisse avant qu'elle soit en bonne chair. On ne donnera ce grain que trois fois par jour et on aura soin d'enlever ce qui restera aussitôt que la bête cessera de manger. On lui donnera à boire chaque fois. Après ce temps il convient de donner le grain moulu et en pâte assez épaisse, qu'il vaut mieux délayer avec du lait même caillé qu'avec de l'eau. Alors on ne donne plus à manger que deux fois par jour; il ne

6

faut pas en donner en surabondance comme on le fait ordinairement, de telle sorte qu'il reste à chaque repas, dans l'auge, une certaine quantité de pâte qui s'aigrit et même se pourrit, ce qui est bien pis. Il faut à chaque repas enlever tout ce qui a pu rester dans l'auge, ce qui est très-facile puisqu'elle est mobile; l'on donne ces restes aux volailles qu'on dispose à l'engraissement.

Si la bête à l'engrais ne mangeait pas très-bien la pâtée les premiers jours, il faudrait lui donner un repas de grain au milieu du jour. On pourrait aussi essayer de mêler quelques grains à la pâtée. Il est présumable que cette pâtée serait plus profitable si elle était aigrie par un levain comme on le fait avec grand avantage pour l'engraissement des porcs. On mêlerait à la première préparation de pâtée un peu de levain de pain : il suffirait ensuite de conserver un peu de la dernière pâtée pour mêler à la suivante et d'attendre avant de la distribuer aux volailles qu'elle soit en fermentation. Mais il faut bien se garder de confondre cette fermentation avec la décomposition qui s'établit dans un aliment quelconque, lorsqu'on le garde trop longtemps et qui est de la pourriture infecte et malsaine.

La plus parfaite régularité dans la distribution des repas est indispensable, parce que les volailles connaissent bientôt l'heure à laquelle elles doivent avoir à manger, et elles l'attendent avec patience; si on retarde ce moment elles s'impatientent, crient, se remuent et perdent beaucoup de leur graisse par cette impatience; si on le donne trop tôt on les dérange dans leur digestion, elles n'ont pas faim et elles mangent mal. C'est donc une condition importante de l'engraissement que la régularité de la distribution.

On peut donner aux volailles à l'engrais toutes sortes de grains, excepté du seigle qu'elles ne mangent qu'à regret. Elles mangent parfaitement les grains les plus gros de maïs, et cette nourriture qu'elles dévorent avec une avidité incroyable leur convient parfaitement. Cependant, si on la donnait exclusivement soit en grain, soit en farine transformée en pâte, on obtiendrait une graisse jaunâtre un peu molle et qui n'a pas bonne mine : il vaut mieux mélanger les grains ou alterner leur distribution.

Les déchets de battage ne conviennent pas pour donner dans les épinettes, parce que les grains s'y trouvent mêlés avec une assez grande quantité de balles que les volailles ne peuvent pas écarter pour retrouver les grains.

Quant à la pâtée, elle peut être faite avec de la farine de n'importe quelle espèce de grain : celle de sarrasin ou de maïs convient très-bien. On peut employer l'espèce de grain qui coûte le moins cher dans le pays qu'on habite, sauf le seigle. La farine d'avoine est convenable, mais elle est moins nourrissante que celles des autres grains, parce qu'elle contient plus de son et qu'en général on ne blutte pas les farines employées à l'engraissement de la volaille; je crois même qu'il vaut mieux ne pas la bluter. Je ne conclus pas cependant de là que le son engraisse l'animal ; je suis convaincue du contraire, il serait tout-à-fait inutile de chercher à engraisser des volailles uniquement avec du son et même avec de la recoupe; mais il facilite la digestion, mêlé à la farine. Le son et la recoupe ne nourrissent que parce qu'ils contiennent quelques portions de farine. On peut ajouter à la farine des pommes de terre cuites et écrasées, des tourteaux d'huile de noix, même de chenevis quand ils sont frais. Je ne doute pas que quelques matières animales jointes aux farines ne favorisassent l'engraissement sans nuire à la qualité de la chair, si toutefois on n'en donnait pas en trop grande quantité. Il ne faut pas donner de tourteaux d'huiles seuls ; ils feraient plutôt maigrir qu'engraisser les volailles.

On peut donner à boire de l'eau et même du lait ; mais si la pâtée n'est pas trop compacte, les volailles se soucient peu de boire : on leur présente de petits pots contenant le liquide.

Après quinze jours d'alimentation à la pâtée, ou six ou huit, selon l'état de la volaille au moment qu'on l'a mise dans l'épinette, une bête de bonne race doit être très-grasse ; cependant si on voulait arriver à une plus grande perfection et faire de ces volailles dont l'état de graisse ne permet pas, pour ainsi dire, de leur voir nulle part la chair, il faudrait, lorsque la bête serait arrivée au degré que je viens d'indiquer, *l'empâter*, c'est-à-dire former de petites boulettes de pâte de la grosseur d'un gland environ et plus longues, et les faire avaler de force à la pauvre bête. Pour faire cette opération il faut être deux personnes ; l'une place la volaille sur ses genoux, le bec tourné en dehors ; elle l'ouvre, tandis que l'autre introduit un *pâton* préparé à l'avance dans le bec en l'insinuant avec précaution jusque dans le gosier. On en fait avaler à l'animal jusqu'à ce que son jabot soit presque plein, puis on le remet dans l'épinette. Le repos et le silence lui sont nécessaires pour digérer cette nourriture forcée. Si les pâtons sont trop secs, on peut présenter à boire à la bête lorsqu'on a fini de la faire manger.

On peut ne donner des pâtons que lorsque la bête a déjà mangé seule de la pâté : c'est un supplément de nourriture. Si on outrait *l'empâtement* on causerait des indigestions funestes. Il faut donc commencer par en donner un, deux ou trois, selon que l'animal l'avale bien, puis on augmente cette dose à mesure.

Les pâtons se font avec une farine quelconque, celle de blé noir seul, ou mêlé de maïs, d'orge, ou d'avoine moulus. Il faut extraire le gros son.

Je ne saurais trop recommander de ne jamais brusquer les pauvres bêtes soumises à l'engraissement. Cette brusquerie serait une barbarie et de plus nuirait à l'engraissement.

Il arrive quelquefois que la bête à l'engrais ne digère pas bien ce qu'on lui a fait avaler ; alors la matière se mettant en fermentation dans le jabot, il enfle outre mesure et cause un malaise extrême au pauvre animal. Dans ce cas il faut cesser toute alimentation jusqu'à ce que l'estomac soit bien dégagé, et je crois qu'il est convenable de tuer l'animal parce qu'il est à craindre que cet accident se renouvelle, et lui fasse le plus grand tort. On pourrait achever l'engraissement avec des graines.

Cet accident sera très-fréquent, si on outre la quantité d'aliment qu'on donne et si on en donne avant que la bête ait parfaitement digéré, ce dont il est facile de s'assurer en visitant, par le toucher, l'état du jabot.

On ne doit jamais tuer une volaille que lorsque la digestion est complètement achevée : le matin convient donc le mieux, et si l'on veut tuer dans la journée ou le soir il faut laisser jeûner au moins huit ou dix heures la bête. C'est ainsi qu'on agit avec tous les animaux de boucherie ; on les laissse même jeûner jusqu'à ce que les intestins soient à peu près vidés.

6.

Je pense donc que huit à dix heures de jeûne seraient suffisants pour les volailles qui digèrent avec une grande rapidité.

On peut tuer les volailles soit en leur coupant la jugulaire dans le bec avec des ciseaux, soit en coupant la gorge avec un couteau *bien tranchant* après avoir arraché les plumes, afin de moins faire souffrir le pauvre animal. Dans l'un et l'autre cas il faut tenir la bête par les pattes, la tête en bas, afin que le sang s'égoutte bien, car de cette opération bien faite dépend en grande partie la blancheur de la chair : elle doit donc être faite avec soin.

Aussitôt que la bête est morte et qu'elle a cessé de saigner, il faut procéder à l'extraction des intestins, soin qu'on ne prend pas dans les pays où le commerce des volailles n'est pas une industrie spéciale, et cependant qui est absolument nécessaire ; car la présence prolongée des intestins dans l'animal lui donne un goût détestable. Au Mans et dans les pays où l'on a poussé l'engraissement à la perfection, aussitôt que les intestins sont ôtés on introduit à leur place du papier gris assez fin, qui contribue à la conservation de la bête et qui lui donne une belle tournure, parce que l'extraction des intestins aplatit ses flancs. Voici comment on procède : Dès que la bête est morte, on introduit le doigt dans le fondement, on tourne immédiatement sur le côté et on saisit le gros boyau ; on le tire doucement en dehors et tous les intestins suivent. Si cette opération est faite avec adresse, et elle est très-facile, les intestins ne se rompront pas ; il faut aller très-doucement ; s'ils se rompent on cherche de nouveau le bout et on parvient facilement à le retrouver. Lorsque tous les intestins sont extraits il ne reste dans le corps de l'animal

que le foie et le gésier qui ne nuisent point à la conservation; ces organes s'emploient en cuisine; la cui-
sinière les retire lorsqu'elle prépare la volaille pour la
faire cuire.

Il faut plumer les volailles aussitôt qu'elles sont
mortes; lorsqu'elles sont refroidies elles se plument
beaucoup moins bien. On doit prendre très-peu de
plumes à la fois afin de ne pas écorcher la peau, ce
qui ôte à la volaille une grande valeur pour la vente,
et la bonne mine pour la table.

Après avoir donné les procédés que j'ai employés
pour engraisser les volailles, je ne crois pas avoir rempli toute ma tâche; je veux aussi relater ceux mis
en usage à la Flèche et au Mans pour faire ces admi-
rables volailles, qui ont une réputation, on peut dire,
européenne, et qui se vendent à des prix si élevés,
comme 8, 10, et même jusqu'à 12 fr. la pièce. Dans ce
but, j'ai eu recours à des amis qui habitent la Flèche
depuis longues années, et qui ont pu me décrire avec
exactitude les moyens employés sous leurs yeux par les
plus habiles engraisseurs, car dans ce pays on se livre
à l'engraissement des poules comme on le fait dans
d'autres à celui des moutons ou des bœufs. Voici une
notice parfaitement claire que je dois à l'obligeance de
ces amis, qui se sont eux-mêmes occupés toute leur vie
de l'élève des oiseaux de basse-cour, et dans le récit
desquels on peut avoir une entière confiance.

§ 11. *Mode d'engraissement des poulardes à la Flèche et au Mans.*

1. Choix des poules.

C'est une erreur presque généralement accréditée de
croire qu'on fait subir aux poules, pour en faire des

poulardes, une opération analogue à celle qui convertit les coqs en chapons ; on ne leur en fait aucune, seulement il faut que les poules aient été, autant que possible, engendrées par un jeune coq ; qu'elles aient atteint leur parfait accroissement, et n'aient pas encore pondu, pour être susceptibles de devenir assez grasses et assez fines pour recevoir le nom de poulardes. Toutes les poules réunissant ces conditions peuvent bien engraisser, mais toutes ne peuvent pas arriver à cet état parfait de graisse qui les fait appeler poulardes. L'espèce qu'on élève dans ce but à la Flèche est plus forte que la poule commune ; elle est robuste et a beaucoup d'analogie avec la poule normande, mais elle n'est pas huppée. Je crois cependant que la poule normande conviendrait également. En résumé, il faut : 1° qu'elle ait six à sept mois, et n'ait pas pondu ;

2° Qu'elle ait la chair sous les ailes le plus blanc possible ;

3° Sous la paupière, les yeux cerclés de rouge ;

4° Les pattes courtes et les épaules larges. ainsi que le derrière ;

5° Que la peau des pattes soit souple et tendre ;

6° Enfin elles doivent être en bonne chair au moment de les mettre dans les cages à engraissement.

2. Forme des cages.

Les cages sont hautes de 0^m 70 à 0^m 80, larges de 1 mètre à 1^m 20, et d'une longueur proportionnée à la quantité de poules que l'on veut engraisser. Elles sont en bois blanc et à claire voie, et montées sur des pieds de 0^m 50 de hauteur. Il y a une ouverture pratiquée au-dessus, dans la longueur de la cage. Cette ouverture se recouvre avec un grillage soit en bois, soit en toile metallique à large maille. C'est

par là qu'on introduit et que l'on retire les poules pour
les faire manger. On place les poules dans cette cage,
sur deux rangs, côte à côte, la tête tournée du côté des
barreaux, ce qui place les queues à l'intérieur de la
cage.

3. Salubrité et obscurité des cages.

Il est essentiel que l'endroit où l'on place les cages
soit bien sec: l'humidité est très-nuisible aux poulardes.
Toutes les ouvertures doivent être soigneusement fermées; l'obscurité et la tranquillité sont des conditions
indispensables de l'engraissement.

Le dehors des cages doit être garni de paille pour
recevoir la fiente des poules; mais cette paille doit être
soigneusement enlevée chaque jour pour être remplacée par de la fraîche; la plus sévère propreté est nécessaire. On enlève le fumier à l'heure d'un repas, pour
ne pas déranger les poulardes pendant qu'elles digèrent.

4. Nourriture.

Il y a deux espèces de nourriture à employer pour
l'engraissement. La première se compose seulement de
farine de blé noir (sarrasin) pétrie avec du lait aigre ou
doux; ce dernier est préférable. C'est cette préparation
qui est la plus usitée.

La seconde se compose de trois parties de blé noir ou
d'orge et d'une d'avoine, moulues ensemble. Cette farine s'emploie comme l'autre, avec du lait.

Dans les deux cas, la farine doit être bluttée avec
soin; cette condition est essentielle : de la pureté de la
farine dépend la perfection de l'engraissement.

On doit éviter de faire moudre ces grains lorsque la
meule vient d'être repiquée, parce qu'il pourrait se

trouver dans la farine quelques parcelles de plâtre ou de pierres qui seraient très-nuisibles aux poules et pourraient même les faire mourir.

5. Empâtement.

On empâte les poules dès le premier jour qu'on les place dans la cage, et on ne doit mettre dans une même cage que des poules au même degré d'engraissement, parce qu'on augmente la quantité de pâtons à mesure que l'engraissement avance et que la poule les digère avec plus de facilité ; il serait très-difficile de reconnaître celles qui doivent en recevoir plus ou moins.

On les empâte deux fois par vingt-quatre heures, de douze heures en douze heures, par conséquent.

6. Manière de faire les pâtons.

On place la farine dans un vase ou dans un pétrin, selon la quantité ; on fait un trou au milieu et on y verse du lait ; on pétrit exactement, comme pour commencer le pain, et on forme une pâte assez compacte pour qu'elle ne s'attache plus aux mains. Alors on forme des pâtons de la longueur et de la grosseur environ du doigt indicateur, en les roulant sur une planche. Après quoi on procède à l'empâtement.

On place la poule sur les genoux d'une personne qui lui ouvre le bec, tandis qu'un autre lui introduit le pâton dedans en l'enfonçant avec l'index autant que possible, sans faire mal à la pauvre bête ; puis, avec le même doigt et le pouce, on le conduit dans l'estomac, en pressant doucement le gosier au-dessus de la partie supérieure du pâton. Il faut bien faire attention, en faisant ainsi descendre le pâton, de ne pas le rompre, parce que s'il en restait quelques fragments dans le gosier, il occasionnerait des maladies aux poules.

Au commencement de l'engraissement, on donne à chaque repas deux pâtons, puis trois, puis quatre ; enfin on arrive à en donner huit, dix, et jusqu'à douze, autant enfin que l'estomac de la poule peut en contenir ; mais il faut bien s'assurer à chaque repas, avant d'empâter, que la poule a bien digéré le repas précédent, et augmenter le nombre des pâtons en raison de la parfaite digestion. On reconnaît que la poule a bien digéré lorsque son estomac est entièrement vide au moment du repas, ce dont on s'assure en le maniant doucement avec les doigts. Je le répète, il est de la plus haute importance que la digestion soit complète. Si la poule a un peu de difficulté à digérer les pâtons, on lui donne à boire un peu d'eau ; si elle paraissait malade, il faudrait lui rendre sa liberté pour la laisser se remettre.

Dans les premiers jours, les poules font difficilement leur digestion ; mais bientôt elles s'accoutument à ce régime, et on augmente le nombre des pâtons.

Les poules engraissent plus ou moins vite. On reconnaît qu'elles sont arrivées à un état parfait de graisse lorsqu'elles respirent difficilement, que la peau est parfaitement blanche, et que le derrière est très-lourd.

7. Manière de tuer les poulardes.

On tue les poulardes en leur introduisant dans le bec un couteau très-pointu, et en poussant la pointe jusque dans la cervelle. On la laisse saigner jusqu'à ce qu'il ne tombe plus de sang. Aussitôt qu'une poularde est morte, on lui extrait les intestins, comme il a été indiqué plus haut ; puis on met à la place du papier gris. On plume la bête ensuite avec le plus grand soin, pour éviter de déchirer la peau, ce qui la dépare beaucoup ; s'il fait chaud, on plonge la bête dans un bain d'eau très-froide, jusqu'à parfait refroidissement ; on la tire de l'eau et on l'essuie avec soin. En hiver, on se borne à la laver avec un linge trempé dans de l'eau froide, et on l'enveloppe dans ce linge jusqu'à ce qu'elle soit froide. Il faut bien se garder d'emballer les poulardes avant qu'elles soient parfaitement froides. Pour les expédier, on les enveloppe dans du papier gris, et on les place dans une bourriche garnie de paille.

§ 12. *Conservation des œufs.*

C'est une erreur presque généralement accréditée de croire que les œufs pondus entre telle ou telle Notre-Dame se conservent mieux que les autres : ce sont les plus tardifs qui sont les meilleurs, surtout quand on se borne à les réunir et à les serrer dans une armoire, ou à les mettre dans des paniers avec de la paille. Comme les poules pondent peu vers la fin de l'année, il est bon de faire sa provision en août et septembre, ce qui explique la foi attachée aux œufs de Notre-Dame.

On emploie plusieurs moyens pour conserver les œufs ; l'important est de les tenir dans un lieu frais et de les priver d'air, comme je l'ai dit précédemment. Il serait avantageux d'avoir des œufs non fécondés pour la conservation ; il vaudrait donc mieux vendre les siens, si on a un coq, et en acheter qui soient dans ce cas.

On peut conserver les œufs dans des vases de terre ou dans une boîte, rangés dans du son ou de la sciure de bois. On place ces vases dans un endroit frais et sec. Il est plus convenable de n'en mettre que quatre à cinq douzaines dans chaque vase et de mettre une couche de sciure très-épaisse en dessus, puis de couvrir le vase avec du papier. Quelques personnes emploient la cendre, et je la crois préférable. Voici un autre moyen qui est facile à essayer ; mais dont je n'ai pas encore fait l'expérience : il consiste à ranger les œufs dans un panier à salade en fil de fer ; on les plonge dans un chaudron d'eau bouillante et on les y laisse *une minute*. Le blanc, qui se coagule à l'intérieur de la coquille, prive d'air le reste de l'œuf, et il se conserve. Les œufs se placent dans des pots ou dans de petites caisses couvertes qu'il faut déposer dans un lieu frais.

Je crois que le meilleur moyen est de placer les œufs, par quatre ou cinq douzaines au plus, dans des vases de grès, puis de préparer un lait de chaux clair ; on le laisse refroidir et se reposer et on verse cette préparation sur les œufs jusqu'à ce qu'ils baignent. On couvre les pots avec du papier et un carreau, et on les met à la cave. Lorsqu'on a pris une certaine quantité d'œufs, on verse une partie du liquide, afin de ne pas être obligé de plonger son bras trop avant dans l'eau pour prendre les œufs. Il serait mieux d'avoir de ces pots en grès qui sont destinés à recevoir la crème dans certaines provinces de France, et qui ont à leur base un trou d'un demi-centimètre environ ; on le bouche avec une cheville de bois ou un très-petit bouchon, et lorsqu'on veut prendre des œufs, on fait écouler l'eau par ce trou, afin de mettre à découvert ceux qu'on veut prendre ; car il est désagréable de plonger la main dans l'eau de chaux, surtout lorsqu'il fait très-froid.

Il est de première importance de mettre les œufs à l'abri de la gelée. Lorsqu'ils ont été atteints par la gelée, ils se gâtent tout de suite, si même le gonflement de la matière liquide ne les a pas fait rompre.

Quand on conserve les œufs dans l'eau de chaux, on peut faire sa provision en juin, époque à laquelle ils sont abondants et à bas prix.

Il est inutile d'énumérer les précieuses qualités des œufs ; leur emploi est tellement général et si bien à la portée de toutes les conditions sociales, que leur éloge est superflu. Ceux de poule sont les meilleurs de tous.

§ 13. *Maladies des poules.*

Les maladies des poules sont généralement le résultat d'une mauvaise nourriture, d'une eau infecte, de la malpropreté et de l'insalubrité du poulailler. Eviter toutes ces causes est la meilleure garantie de la bonne santé de la basse-cour, et, en général, les maladies des poules ont peu de remèdes efficaces. A moins que ce ne soit un sujet distingué qui soit atteint, il vaut mieux tuer et consommer, si la maladie est due à un accident, l'animal atteint, que chercher à le guérir.

On reconnaît qu'une poule est malade lorsque sa crête pâlit, que ses plumes se ternissent et se hérissent, et qu'elle a perdu sa vivacité. Il faut l'examiner avec soin pour savoir de quel mal elle est atteinte.

1° La *pépie*, maladie dont quelques personnes nient l'existence, atteint surtout les jeunes volailles. Elle est presque toujours due à l'infection et à la rareté de l'eau. La bête atteinte cesse de manger ; sa voix devient rauque et frêle ; elle se tient à l'écart, ouvre souvent le bec et semble vouloir éternuer ; de plus, la langue prend une teinte jaunâtre, et l'on voit bientôt se développer à son extrémité une petite pellicule cornée et blanche. Il faut enlever doucement cette pellicule avec une aiguille ou une épingle ; on lave ensuite la langue avec un peu de vinaigre allongé d'eau, et on l'enduit d'un peu de beurre ou de graisse. On met l'animal à part pendant un couple de jours, et on le nourrit avec du son ou de la recoupe mouillée.

2° *Maladie du croupion*. Elle est presque toujours due à la malpropreté du poulailler. La poule devient triste, constipée, porte la tête penchée, ne gratte plus. Il se forme une tumeur au-dessus du croupion. Il faut l'ouvrir avec un petit instrument bien tranchant, puis on la presse avec le doigt pour faire sortir le pus qu'elle renferme; on lave la plaie avec de l'eau acidulée de vinaigre, de l'eau salée ou du vin; puis on l'enduit de pommade camphrée qu'on renouvelle deux ou trois fois chaque jour pendant un couple de jours. On met la poule à part et on lui donne à manger du son mouillé mêlé de salade hachée. Lorsque la poule a repris sa gaîté, on la lâche.

3° *Diarrhée*. Cette maladie est occasionnée par une nourriture trop humide et par une saison très-pluvieuse. On met la volaille à la nourriture sèche et on lui donne un peu de pain trempé dans du vin ou dans du cidre. Si l'animal atteint était très-précieux et que la maladie continuât, il faudrait lui faire avaler deux ou trois fois par jour quelques petites cuillerées d'infusion de camomille faite dans du vin.

4° *Constipation*. Cette maladie n'atteint guère que les poules enfermées dans une basse-cour et privées de nourriture verte. Les couveuses en sont souvent atteintes, surtout lorsqu'on les fait couver deux fois. Il faut leur procurer l'espèce de nourriture qui leur manque, comme la salade, l'oseille, le pourpier, l'épinard, et enfin le son mouillé. Il faut, au besoin, donner un peu d'huile d'olives ou de la manne fondue dans de l'eau à laquelle on ajoute un peu de farine.

5° *Goutte*. Elle est due à l'humidité du poulailler ou

de la cour. Les pattes se gonflent et la démarche devient difficile : le mieux est de tuer l'animal. Si la maladie n'existe pas depuis longtemps, il est bon à manger ; il faut chercher à détruire la cause.

6° *Toux*. La toux est une maladie vermineuse, et l'une des plus graves qui puissent atteindre les poules. Je la crois contagieuse. La poule malade fait entendre une toux sourde, et la respiration est fort gênée ; elle est même menacée de suffocation. Le mal est dû à une accumulation de petits vers rouges dans le gosier : on parvient quelquefois à en débarrasser la malade en lui faisant prendre des décoctions de mousse de Corse ou de l'herbe aux vers ; le plus souvent l'animal périt : il est même convenable de le tuer.

7° *Roupie*. La roupie est une maladie qui se manifeste par un écoulement d'humeur qui se fait par les fosses nasales. Cette maladie est contagieuse et incurable : il faut tuer l'animal, qui n'est pas bon à manger.

8° *Pustules*. On remarque souvent sur le corps des poules de petites pustules qui les font languir. Cette maladie est contagieuse. On sépare l'animal atteint ; on lui donne de la salade hachée, du son mouillé et de l'eau, dans laquelle on met de la cendre de bois. On frotte les pustules avec de la crème ou du beurre frais, même avec de la pommade camphrée.

9° *Fracture*. Lorsqu'une poule s'est cassé un membre, il suffit de l'enfermer dans un lieu parfaitement tranquille, où elle ne puisse se percher, et de lui donner une bonne nourriture. Il faut bien se garder de lier la partie fracturée et de lui mettre de petites éclisses ; le repos suffit. Chez les poulets, même très-jeunes, deux jours de repos suffisent.

10° *Plaies*. Les plaies qui résultent d'accidents ou de combats doivent être lavées avec un peu d'eau-devie allongée d'eau, et à laquelle on ajoute un peu de laudanum. Si l'inflammation se manifeste, il faut les enduire de pommade camphrée.

11° *Sortie du rectum* (*fondement*). Cet accident arrive quelquefois après la ponte ou une constipation prolongée. Il faut laver la partie déplacée avec de l'eau de guimauve à laquelle on ajoute quelques gouttes de landanum, puis la faire rentrer doucement ; placer la poule dans un lieu obscur où elle ne puisse se percher, et lui donner deux fois par jour à manger quelques grains et du son mouillé en petite quantité. Deux jours après, on peut lui rendre la liberté. Si l'accident se reproduit, il faut tuer la bête : elle est bonne à manger.

§ 14. — *Soins généraux à donner aux poules.*

La même personne doit toujours être chargée de donner à manger à la volaille, de dénicher les œufs, de mettre à couver et de soigner les couveuses et les poulets, d'entretenir le poulailler. Elle doit souvent assister aux repas, après les avoir distribués *à des heures parfaitement régulières*, pour s'assurer si le nombre des volailles est complet et si aucune n'est malade. Lorsqu'elle s'aperçoit qu'il en manque, elle doit les chercher. Les volailles doivent être comptées souvent. Pour cela, on se place à la petite porte du poulailler, qu'on ouvre assez peu pour que chaque bête ne passe que difficilement. On les compte à mesure qu'elles sortent. Le soir, il faut s'assurer qu'il n'est pas resté quelque volaille hors du poulailler ; le renard ou les fouines en feraient leur profit. Lorsque les volailles prennent l'habitude de se coucher sur les arbres ou de percher sous quelque hangar, il faut découvrir le lieu de leur retraite, puis attendre la nuit pour aller les y prendre et les reporter dans le poulailler. Quelquefois une poule prend la manie d'aller pondre dans un lieu caché ; il faut la surveiller et chercher à la prendre au moment où elle va pondre, puis la mettre dans un nid du poulailler. Cependant, si elle y met une grande persistance, il vaudrait mieux arranger le nid, tâcher de le mettre à l'abri des chiens, et laisser la poule achever la ponte ; lorsqu'elle l'aurait terminée et qu'elle couverait, on l'enlèverait le soir avec précaution avec ses œufs et son nid, on la transporterait dans le poulailler des couveuses, et on la couvrirait. Elle finirait par oublier sa cachette.

Chaque année il faut réformer les poules qui ont atteint leur quatrième ou cinquième année, et les remplacer par de jeunes poulettes qu'on a choisies à dessein ; car l'amélioration de la race doit toujours occuper la personne jalouse d'avoir une belle et bonne basse-cour. Il n'y a que la personne qui soigne habituellement les poules qui peut connaître leur âge ; il n'en est pas de même pour le choix des jeunes bêtes à conserver ; il doit être fait par des personnes qui connaissent les caractères de la race qu'on veut élever. On peut être sûr, si l'on en a introduit une nouvelle dans la basse-cour, que la fille chargée de la soigner fera tous ses efforts pour la détruire et revenir à la race du pays qu'elle a vue depuis qu'elle est au monde et à laquelle elle ne trouvera pas un défaut, tandis qu'elle en trouvera une multitude à la nouvelle race, fît-elle des merveilles. Cette résistance des gens de la campagne contre les choses nouvelles s'étend à tout, et c'est un des plus grands obstacles à la propagation des nouvelles méthodes. Pour qu'une poule d'une espèce nouvelle fût trouvée bonne dans un pays où elle est importée, il faudrait qu'elle pondît des œufs d'or; encore irait-on s'assurer chez le changeur du titre de l'or.

Ce que j'ai dit sur ce sujet n'est point exagéré : j'ai été bien des fois témoin, non de poules pondant des œufs d'or, mais de la répugnance des gens de la campagne pour une nouvelle race, et des efforts qu'ils faisaient pour lui trouver et lui donner des défauts. Dix ans ne suffiraient pas, souvent, pour convaincre un paysan, qui voudrait toujours que la chose nouvelle qu'on lui donne fût *parfaite,* alors même que la sienne est détestable.

On dit qu'il y a des coqs qui pondent et que leurs œufs contiennent des serpents. Ce conte, fait pour amuser les petits enfants, est tout-à-fait dénué de fondement. Mais il y a des poules dont la voix devient rauque et ressemble un peu à celle du coq ; il paraît que ces poules ne pondent plus ; il faut les tuer après s'être assuré du fait.

Les produits de la poule et du coq consistent d'abord dans leur chair, puis dans la ponte, qui ne cède guère en valeur à celle de la chair ; enfin dans la plume, qui n'est pas de très-bonne qualité, mais qui, cependant, peut être employée à faire des lits, surtout si on a le soin de tirer les grosses plumes des fines et de n'employer que ces dernières qu'on met dans un sac, pas trop foulées et qu'on place dans un four après en avoir retiré le pain, avant de l'employer. Les coqs et surtout les chapons portent à la queue de grandes plumes qui s'emploient à faire des plumeaux et ont une certaine valeur quand elles sont belles ; de plus les chapons, plus que les coqs, ont sur le croupion et sur le cou des plumes longues et minces qui s'emploient à faire de petits plumeaux de salon et qui peuvent se vendre avec quelqu'avantage.

Il serait difficile de déterminer une valeur pour les produits des poules, parce que le prix de la volaille et des œufs varie à l'infini selon les localités ; mais on peut dire que l'on aura toujours plus d'avantage à faire un grand nombre d'élèves près des grands centres de population ou près des stations de chemin de fer qui permettraient de les envoyer au loin dans les grandes villes, que dans les environs des petites villes ou des bourgs. Si on se livrait en grand à cette éducation, on pourrait établir une communication régulière par les voitures publiques pour transporter des bourriches dans les grandes villes comme on le fait au Mans et dans plusieurs villes de la Normandie.

CHAPITRE III.

Du Dindon et de la Dinde.

Le dindon (*fig.* 7) est un animal qui offre de grandes ressources ; sa grosseur et la quantité de sa chair donneraient à son éducation la même importance qu'à celle des poules, s'il ne leur manquait cette fécondité de ponte qui rend la poule si précieuse.

(*Fig. 7.*)

Mais un mérite qui leur est particulier, c'est la facilité de les réunir en troupe et de les conduire dans les champs pour y chercher leur nourriture. La variété d'aliments qu'ils savent y trouver et la quantité d'herbages qu'ils y mangent permet de les élever pendant presque toute la belle saison, dès qu'ils ont pris le rouge, jusqu'au temps des fortes gelées sans que leur nourriture occasionne d'autres frais que ceux de leur garde. De plus la rusticité de cet animal, aussitôt qu'il a passé la crise dont je viens de parler, donne de telles garanties de profits, que leur éducation, en grand, pourrait devenir, dans certaines localités, une branche importante de produit.

Il y a trois races de dindons qui se mélangent sans inconvénients. Le blanc, le gris et le noir. Le noir est l'espèce la plus répandue et celle qui paraît la plus rustique et la plus facile à engraisser.

Un coq-d'Inde suffit à huit ou dix dindes, surtout s'il est jeune et vigoureux.

Plus encore que la poule, le dindon s'accommode mal d'être enfermé dans une basse-cour; il y maigrirait plutôt que d'y prendre de la chair. Son éducation en petit, lors même qu'on lui laisserait la liberté, serait fort peu lucrative, parce que le dindon fait d'immenses dégâts quand il n'est pas gardé et qu'un petit nombre de dindons ne suffirait pas pour payer, avec avantage, une dindonnière. De plus, les mâles, surtout lorsqu'ils ont plus d'un an, font de grands ravages dans une basse-cour; ils attaquent les poules, les coqs, les canards, même les chiens, et les uns par impuissance, les autres par peur sont victimes des coqs-d'Inde. Ils portent quelquefois leur méchanceté jusqu'à attaquer les enfants.

Il n'y a donc pas avantage à élever des dindons en

petit nombre, et si on veut en avoir quelques-uns dans la basse-cour, il faut les acheter assez gros pour être prêts à engraisser. Mais la dinde, plus encore que la poule, n'est bien susceptible de prendre la graisse que lorsqu'elle a pris toute ou à peu près toute sa croissance ; il serait donc inutile de les acheter avant cette époque dans l'espérance de les avoir à meilleur marché, si on ne voulait pas les faire conduire aux champs jusqu'à ce que leur croit fut achevé. Leur nourriture coûterait plus que l'économie qu'on ferait sur leur prix d'achat.

On peut aussi, pour faire cette éducation en grand, ce qui serait difficile si on faisait toutes les couvées chez soi, à moins qu'on ne soit placé dans des circonstances très-favorables, on peut, dis-je, acheter la quantité de dindons qu'on veut élever lorsqu'ils ont le rouge et les réunir ensuite en troupeau. Beaucoup de petits propriétaires, ou même de locataires, élèvent une ou deux couvées de dindons, sans avoir la facilité de poursuivre leur éducation jusqu'à la fin ; ils les vendent aussitôt après cette crise du rouge, époque, comme je viens de le dire, où un parcours leur est nécessaire.

Le dindon, par suite de son origine américaine, est très-sensible au froid dans les premiers temps de son existence, ce qui rend son éducation plus chanceuse que celle des poules ; de plus, il périt un grand nombre de dindons, pour peu que la température ne soit pas convenable ou qu'on apporte quelque négligence dans les soins assidus qu'ils réclament, au moment où ils prennent *le rouge*; c'est-à-dire lorsque leur tête se pare de ces caroncules qui passent du rouge au blanc et au bleu, selon l'état de calme ou d'irritation de l'animal.

Le mâle est souvent très-méchant et attaque jusqu'aux hommes. Il se livre facilement à de violentes colères, sans raison, ce qui a fait passer cette colère en proverbe ; il est donc presque impossible d'amener des mâles dindons dans une basse-cour ; quelquefois, lorsqu'ils y ont été élevés, ils s'accommodent mieux avec leurs camarades de basse-cour, mais souvent à la seconde année, au moment de l'amour, il n'y a pas moyen de les laisser libres. La poule dinde est plus douce, cependant il y en a qui participent du caractère farouche du mâle et qui battent les poules et tuent les poulets ; il n'y a que les coqs qui puissent leur tenir tête, encore quelquefois leur supériorité de taille les rend maîtresses du coq qu'elles plument et assomment de la belle manière. Dès la seconde année les pattes des dindes et dindons deviennent rougeâtres, et finissent par devenir écailleuses à mesure qu'ils avancent en âge ; il est donc impossible de vendre une vieille bête pour une jeune.

§ 1er. — *De la poule-dinde.*

Les poules-dindes ne pondent guère qu'à l'âge de dix à douze mois et la ponte se fait presque toujours vers le mois de mars. Elles ont presque généralement la manie de cacher leurs œufs, aussi en perd-on souvent ; elles vont les déposer dans des tas de paille, dans les haies, au fond des fossés, et ils deviennent souvent la proie des animaux nuisibles ; aussi est-il prudent d'habituer les dindes à coucher dans une petite écurie spéciale, quelque temps avant l'époque de la ponte, parce que tous les matins, avant d'ouvrir leur porte, on les tâte en introduisant doucement le doigt dans le fondement. On ne donne la liberté qu'à celles qui n'ont pas l'œuf; quant aux autres on ne leur ouvre que lorsqu'elles ont pondu. Les dindes ne pondent ordinairement que tous les deux jours, à moins que la saison soit très-chaude ; leur ponte est de quinze à vingt œufs. Elles font quelquefois une seconde ponte en août, quand on leur a enlevé leur première couvée pour en donner deux à conduire à une seule dinde, ou qu'un accident l'a détruite. Mais alors elles ne pondent que dix à douze œufs.

Les dindes d'un an font des œufs plus petits que celles qui sont plus âgées ; mais vers quatre à cinq ans, la ponte est moins abondante et il est temps de remplacer les dindes ; d'ailleurs elles deviendraient si dures qu'il ne serait presque plus possible de les manger.

Il faut laisser un œuf dans le nid destiné à la ponte ; on peut le marquer ; il serait inutile de chercher à tromper les dindes en leur donnant un œuf de plâtre, elles fuiraient le nid plutôt que d'y être attirées par ce simulacre ; mais il faut enlever chaque jour les œufs pondus du jour, parce que les dindes, en restant sur le nid, pourraient commencer l'incubation. Il est inutile de marquer les œufs de chaque dinde ; elles couvent indifféremment leurs œufs et ceux de leurs compagnes, aussi bien que ceux de poule ou de canard.

Il faut placer les œufs dans un lieu frais, et, après la ponte, on peut donner des œufs étrangers à une dinde, parce qu'une dinde peut couver vingt à vingt-deux œufs et qu'il est possible que la ponte n'ait pas atteint ce nombre.

Il serait imprudent de faire couver les œufs du mois d'août ; il y en aurait beaucoup de clairs.

Les œufs de dinde sont bons à manger ; mais moins

délicats que ceux de poule. Ils peuvent se conserver par les mêmes procédés.

§ 2. — *Incubation.*

La dinde glousse comme la poule. lorsqu'elle éprouve le besoin de couver ; le bas de sa poitrine et son ventre se déplument ; c'est alors qu'elle redouble de ruse pour cacher ses œufs. Si on veut faire couver plusieurs dindes, il est plus avantageux de les mettre à couver le même jour, ce qui est plus facile avec des dindes qu'avec des poules, parce que leurs pontes et leurs couvées sont plus régulières. On donne quelques œufs de poule à celles qui veulent couver les premières, pour les amuser, et, lorsqu'un certain nombre de couveuses demandent à couver, on leur ôte les œufs d'*essai* qui peuvent être employés au même usage pour d'autres couveuses, soit poules, soit dindes, soit cannes, et on leur donne les œufs qu'elles doivent couver. On fait cette substitution pendant qu'elles mangent.

Huit à dix jours après que l'incubation est commencée on *mire* les œufs, c'est-à-dire qu'on s'assure, par le moyen que j'ai indiqué à l'article incubation des poules, quels sont les œufs bons ou mauvais ; on complète le nombre d'œufs que peut couver chaque couveuse (après en avoir retiré ceux qui sont clairs) avec ceux d'une autre couveuse ; alors on peut donner de nouveaux œufs aux couveuses dont on aurait pris les œufs pour compléter les autres couvées. Les œufs clairs sont bons à manger quand ils ne sont pas pourris.

On doit lever les couveuses une fois par jour pour les faire manger, sans ce soin il y en a qui se laisse-

raient mourir de faim plutôt que de quitter leurs œufs.
Il n'est pas nécessaire de mettre les dindes sous une
mue pour les faire manger, elles ne s'éloignent pas
de leur couvée. L'incubation dure trente à trente-
deux jours et l'éclosion est plus spontanée que celle
des poulets. L'incubation et la couvée des dindes demandent les mêmes soins que celles des poules ; on
prépare leur nid de la même manière, seulement il
ne faut pas les placer dans un lieu élevé et on doit
avoir le soin de mettre des brins de menu bois ou de
bruyères sous la paille qu'on prépare pour placer les
œufs, afin d'éviter l'humidité.

On peut former les nids au moyen d'un rouleau de
paille attaché avec de l'osier ou de la ficelle, et formant un rond dans lequel on place le menu bois,
puis la paille, il faut surtout veiller à ce qu'il ne soit
pas trop concave, parce que les œufs se réunissant au
fond et se superposant les uns sur les autres, l'incubation ne serait pas parfaite.

Lorsqu'on met deux dindes près l'une de l'autre
à couver, elles se volent quelquefois leurs œufs, d'où
il résulte qu'une en a trop, quand l'autre n'en a pas
assez ; il faut donc séparer les nids de façon que ces
vols ne soient pas possibles.

Il ne faut jamais laisser le mâle pénétrer dans le
lieu où les dindes couvent ; il troublerait toutes les
couvées et battrait ces pauvres mères.

Il y a des dindes qui manifestent le désir de couver
avant d'avoir achevé leur ponte. Pour s'assurer que
ce fait n'existe pas, il est convenable de compter les
œufs des couveuses pendant qu'elles mangent. Si on
s'apercevait que le nombre en est augmenté, on mar-
querait avec de l'encre tous les œufs de la couvée en
faisant une raie circulaire autour, afin de voir la

marque sans toucher aux œufs lors même que la couveuse les aurait retournés, ce qu'elle fait tous les jours. On enlèverait ceux qui ne seraient pas marqués, car un ou deux jours de retard dans l'incubation, causeraient le même retard dans l'éclosion ; et, comme dès qu'une dinde a ses petits, elle ne veut plus garder le nid, les œufs seraient perdus, tandis qu'ils peuvent être employés d'une manière quelconque, même les joindre à d'autres qu'on doit mettre à couver le jour de leur ponte.

Lorsqu'une dinde, après avoir fait sa ponte, tarde à demander à couver, on la stimule en lui frottant le ventre avec des orties et en la forçant à rester sur les *œufs d'essai*, en la couvrant d'une toile un peu lourde qui la plonge dans le silence et une obscurité totale ; le plus souvent elle se décide à couver au bout de deux ou trois jours et on lui donne les œufs.

J'ai dit qu'il fallait mettre plusieurs dindes à couver le même jour ; c'est afin qu'au moment de l'éclosion on donne à une seule mère la couvée de deux ou même de trois, si les couvées n'ont pas eu un succès complet. Alors on peut donner de nouveaux œufs aux mères auxquelles on a enlevé les petits, surtout des œufs de poule dont l'incubation est moins longue.

Si l'on voulait avoir plus d'œufs que les dindes qu'on veut faire couver n'en pondent, afin de faire des couvées plus complètes (car quelquefois les dindes ne pondent pas autant d'œufs qu'elles en peuvent couver ou elles en perdent par une cause quelconque), on a un plus grand nombre de dindes qu'on ne voudrait de couveuses, et quand le moment de l'incubation est arrivé on choisit celles qui paraissent les plus attentives, puis on détourne les autres de l'envie de couver en les attachant par la patte à une chaise ou à un petit piquet, dans l'endroit le plus bruyant de la cour et en les privant de nourriture, mais non de boire, pendant deux jours ; la première nourriture qu'on leur donne doit se composer de son mouillé mêlé de salade hachée ; ordinairement les premières bêtes oublient leur couvée et on peut les engraisser pour les vendre ou les manger. Quelquefois elles se remettent à pondre vers le mois de juillet ou d'août, suivant l'époque à laquelle on les a détournées de la couvée. Si la ponte ne se prolonge pas trop longtemps, on peut encore les faire couver ; pourvu que les dindonneaux aient le temps de prendre le rouge avant les froids, ils s'élèveront très-bien et feront des dindons tardifs qui auront une certaine valeur, car ils seront bons à manger en mars et avril, époque à laquelle ils sont fort rares et chers ; mais ces couvées réussissent difficilement et demandent beaucoup de soins.

Pour faire adopter à une dinde des dindonneaux, il faut les glisser dans son nid le soir et qu'ils soient à un ou deux jours près du même âge que les siens, sans cela elle les tuerait tous.

§ 3. — *Dindonneaux.*

L'éclosion des dindonneaux réclame exactement les mêmes soins que celle des poulets ; seulement, comme les dindonneaux craignent plus encore le froid que les poulets, il faut mettre plus de circonspection pour les faire sortir. Quelquefois même on ne peut les mettre à terre que sous un hangar bien exposé au soleil et vers midi, et, si on n'a pas de lieu convenable, il faut les placer dans une chambre chauffée et bien sèche, sur les carreaux de laquelle on étend une petite couche de sciure de bois qu'on peut renouveler de temps en temps ; si on les met dehors, on tient la mère enfermée sous une mue placée dans une bonne exposition ; sans ce soin, elle emmènerait imprudemment ses petits au loin, ils auraient froid et périraient. Il est très-convenable de placer du sable fin et bien sec, ou de la cendre auprès de la mue, afin que les petits puissent se poudrer, ce qu'ils aiment beaucoup. On les rentre toujours bien avant le coucher du soleil, et on ne les lève que vers les neuf à dix heures du matin, selon la température de l'air.

Lorsque les dindonneaux commencent à prendre un peu de force, comme vers le huitième ou neuvième jour, on peut commencer à leur donner un peu plus de liberté. S'il fait beau, on laisse la mère les promener ; mais il faut être très-attentif, parce que si le temps se refroidit, si la pluie menace de tomber, on doit les rentrer. Rien ne fait autant de mal aux jeunes dindonneaux que d'être mouillés ; ils périssent presque toujours.

On les nourrit comme les poulets, et si le temps est froid on leur donne du chènevis ; mais ils sont tellement stupides, qu'ils se décident difficilement à manger, et qu'on est quelquefois obligé de mettre avec eux quelques petits poulets qui leur apprennent à manger. S'ils paraissent faibles, on leur fait avaler un peu de vin ou de cidre. On peut ajouter à leur nourriture une pâtée composée de recoupe mêlée de salade ou d'orties hachées, ou cuites.

Aussitôt que les poussins sont en état de sortir, il faut les mener aux champs avec les précautions que j'indique, et éviter de les faire sortir sitôt après la pluie, lors même qu'il ferait chaud, parce qu'ils se mouilleraient et se garniraient les pattes de boue, ce

qui leur est très-nuisible; et lorsque les plantes du
sol sont sèches, mais que la terre est encore molle, il
faut les conduire dans des terres sablonneuses qui ne
s'attachent pas aux pieds, lors même qu'elles sont
mouillées; cette condition est si importante, qu'on
pourra remarquer que tous les pays où on élève beaucoup de dindonneaux sont des pays où la terre est
légère et sablonneuse. Ainsi, lorsqu'un canton est
sablonneux, on y élève des dindons; si les cantons
voisins changent de nature de terre, on n'y verra
point d'élèves; et si on y voit des troupeaux ou même
quelques dindons parsemés çà et là, c'est qu'ils y ont
été apportés après avoir pris le rouge.

Le soleil trop ardent tue les dindonneaux comme il
tuerait les poulets. Il faut les préserver s'ils ne peuvent courir çà et là. Les dindonneaux exigent les soins
que je viens d'indiquer jusqu'à ce qu'ils aient pris le
rouge, ce qui leur arrive entre deux et trois mois, selon
la température. Pendant cette crise, il faut redoubler
de soins, leur donner pour nourriture d'excellents
grains, tels que froment, orge, blé noir, maïs; s'ils
languissent, leur faire avaler une ou deux fois par
jour un peu de vin ou de cidre, même faire tremper
dans ces liqueurs le grain qu'on leur donne. Éviter
qu'ils mangent trop d'herbe, les coucher plus tôt et
les lever plus tard. Malgré les soins les plus assidus, il
en périt toujours un certain nombre, souvent la moitié
pendant cette crise.

§ 4. — *Soins et nourriture.*

Lorsque les dindons ont pris le rouge, de très-
délicats qu'ils étaient ils deviennent très-robustes;
peu de temps après, ils ne craignent plus ni la pluie

ni le froid, et il faut les conduire aux champs soir et matin comme on y conduit les bestiaux. On les réunit en troupes ; un enfant de douze à quinze ans peut en conduire au moins cent. On les mène dans les chaumes, dans les prés dont le foin est incliné, dans les bois, dans les vignes après la vendange. Cependant, il ne faut pas leur faire faire de trop longues courses quand ils sont encore jeunes, et éviter de les laisser au grand soleil, ce qui les fatigue beaucoup. Si on a de bons pâturages, on peut très-bien se dispenser de leur donner à manger à la maison, surtout après la moisson, époque à laquelle ils trouvent beaucoup de grain dans les chaumes ; et lorsqu'ils vont dans les bois, en automne, ils mangent les glands, les fênes et les châtaignes sauvages. Alors il est tout-à-fait inutile de les nourrir à la cour ; si ces fruits sont assez abondants, ils y joignent de l'herbe et des insectes, et cette nourriture suffit parfaitement à leur existence et à leur croissance tant qu'ils la trouvent dehors ; mais lorsqu'il gèle et surtout lorsqu'il neige, il faut, entre la promenade, leur donner à manger à la cour, soit les fruits que je viens d'indiquer et qu'on récolte à dessein, soit des criblures et des grains, soit des pommes de terre crues et coupées en petits morceaux, ou cuites et écrasées, ou des betteraves crues et coupées comme je l'ai indiqué pour les poules, même de la viande. J'indiquerai à la fin de l'ouvrage un moyen de préparer la viande des animaux morts de maladies qui ne sont pas nuisibles, ou d'accidents, pour la distribuer aux volailles qui en sont très-friandes. Les dindons mangent à peu près de tout.

Quelque temps après que les dindonneaux ont pris le rouge, il faut s'occuper de leur préparer des juchoirs à l'air libre, pour qu'ils s'habituent aux intempéries lorsqu'elles ne sont pas encore fréquentes, ce qui les fortifie beaucoup. Les dindons qui couchent en plein air se portent beaucoup mieux que ceux qu'on continue à faire coucher sous un toit.

Il y a plusieurs manières de leur arranger ces juchoirs. Les uns se bornent à placer dans le lieu où l'on veut qu'ils couchent, des arbres morts sur les branches desquels ils vont se percher ; d'autres plantent une espèce de mât traversé depuis la hauteur de 1ᵐ 50 à 2ᵐ de bons brins de bois, ronds et de la grosseur du goulleau d'une bouteille ; on perce le mât en tous sens et à la distance de 0ᵐ 30 à 35 en hauteur, et on y place ces échelons qui ne se trouvent pas superposés les uns au-dessus des autres à cause de la direction différente qu'on a donnée aux trous. Les dindons sautent de l'un à l'autre et se perchent chacun à sa place ; mais ces deux procédés offrent un inconvénient, c'est que la plupart des dindons veulent se placer au plus haut bâton, de là des querelles et des chutes. Voici un procédé qui me paraît plus convenable à tous égards.

On se procure de vieilles roues, surtout des roues de voiture dont on a enlevé le fer, et on les plante sur une pièce de bois dont on amincit le bout de manière qu'il entre dans le moyeu comme y entrait l'essieu. On plante ces pivots qui peuvent avoir 2 mètres de hauteur, ordinairement dans le fumier, ce qui est très-convenable à cause de la chaleur qui s'en dégage, ou dans un endroit quelconque ; le plus abrité du froid est le meilleur. Les dindons vont se nicher sur toutes les jantes et même sur les raies, et une roue peut en recevoir une vingtaine. Ils sont tous au même niveau, partant pas de jalousie ni de batailles. Qui se serait douté que la question d'égalité fût ainsi prédominante chez les dindons ?...

Je crois ce procédé le plus convenable de tous, et il est fort peu coûteux ; car on trouve partout, et à très-bon compte, de vieilles roues. Après la vente des dindonneaux, on met les roues qui leur servaient de juchoir à l'abri, et on ne laisse dehors que celles nécessaires aux pères et mères. Encore faut-il, comme je l'ai dit précédemment, les faire coucher dans un toit disposé comme celui que j'ai décrit pour les poules vers le mois de janvier ou février, époque à laquelle ils se disposent à la ponte, afin d'éviter la perte des œufs. Tous les soirs, au moment où les dindons viennent pour se percher, on les conduit dans le toit, comme aux champs, avec de petites baguettes ; ils en prennent bientôt l'habitude.

§ 5. — *Engraissement.*

Les dindonneaux, comme les poulets, engraissent difficilement avant que leur croissance soit achevée ; jusque-là, si on veut en engraisser quelques-uns, on les marque à la patte ; en rentrant des champs on les sépare de la bande et on leur donne un supplément de nourriture. Si on le leur donnait avant de les faire sortir, ils deviendraient paresseux à chercher leur nourriture aux champs et n'engraisseraient pas.

Lorsque les dindonneaux sont adultes, c'est-à-dire à l'âge de six ou sept mois, selon la saison qui influe beaucoup sur leur croissance, on peut les engraisser. Si on en a un troupeau considérable, il ne faut pas les mettre tous à l'engrais à la fois, à moins qu'on ne veuille les expédier tous, ou à peu près tous ensemble, ce qui peut convenir à certaines localités. Mais dans tout autre cas, si on veut en envoyer une certaine quantité au marché ou en engraisser pour sa consom-

mation, on marque comme je l'ai déjà dit, à la patte
ceux qui sont à l'engraissement. La nourriture des dindons n'est pas la même durant tout l'engraissement.

Pour indiquer les différents degrés où ils en sont,
on peut joindre à la marque de la patte une nouvelle
marque faite aux plumes de la queue avec des ciseaux.

Dans les premiers temps qu'on engraisse les dindonneaux, on se borne à leur donner à manger à la
rentrée des champs, car les dindons ne doivent pas
être enfermés pour les engraisser; la liberté leur est
absolument nécessaire; on peut leur distribuer des
grains ou des déchets de grains de toutes natures, et
on peut y joindre des pommes de terre et des betteraves coupées en petits morceaux, des glands, des
fênes, de petites châtaignes; quinze jours après on
commence à leur donner à un de leurs repas, celui
du soir, une pâtée composée de pommes de terre
cuites et écrasées, et mélangées d'une farine quelconque, celle qui coûte le moins cher dans le pays
qu'on habite. On peut délayer cette pâtée avec du lait
caillé, mais il ne faut en faire que ce que les dindonneaux, arrivés à ce degré d'engraissement, doivent en
manger; s'il en restait, il faudrait la faire consommer
à ceux du premier degré d'engraissement, parce qu'elle
aigrirait et serait moins propre à l'engraissement.
Cependant, je vais me permettre ici une petite digression à propos de la fermentation appelée *aigreur*.

J'avais toujours entendu dire qu'il ne fallait pas
donner aux porcs des aliments aigres, et dans les premières années que je me suis occupée de l'élève de ces
animaux, j'ai évité, autant que possible, de leur faire
donner des aliments fermentés; cependant, m'étant
aperçue qu'ils les mangeaient avec grand plaisir, j'ai
essayé des engraissements avec des aliments toujours

fermentés. — On gardait un levain dans le fond du cuvier ; dans lequel on préparait la nourriture des porcs pour trois ou quatre jours ; et lorsqu'on y avait jeté la nouvelle cuisson de pommes de terre et d'eau que devait contenir ce cuvier, on remuait la préparation avec une spatule. Dès le lendemain, la fermentation était en pleine activité. On prenait une portion de cette pâte, qu'on allongeait d'eau pour la distribuer aux porcs, en sorte qu'ils ne mangeaient jamais qu'une nourriture fermentée. J'en ai obtenu les meilleurs résultats, et ma porcherie, assez considérable, puisque j'ai souvent vingt-cinq porcs, n'est alimentée qu'avec une nourriture fermentée. Je crois qu'il pourrait en être de même pour l'engraissement des volailles ; et bien que je n'en aie pas fait l'essai, j'engage mes lecteurs à le faire sans crainte. Les boissons fermentées sont bien préférables à celles qui ne le sont pas ; le pain sans levain est d'une digestion très-difficile. Revenons à nos dindons.

Quinze jours après ce nouveau changement, on supprime le repas de grain du matin, à la rentrée des champs, et on le remplace par de la pâtée ; enfin, dans les derniers huit jours, lorsque le dindon a mangé de la pâtée, on lui fait avaler d'abord une ou deux boulettes de supplément à chaque repas, et on augmente d'une successivement, ce qui fait qu'à la fin des huit jours le dindonneau mange, outre ce qu'il lui plaît de manger seul, 18 ou 20 boulettes, qu'on prépare comme il suit :

On délaye de la farine non tamisée avec du lait caillé ; cette farine peut être d'orge, de froment, de blé noir, ou même encore de maïs. On y ajoute une certaine quantité de pommes de terre cuites à la vapeur et écrasées. On forme avec cette pâte, après l'avoir bien pétrie avec la main, des pâtons ou boulettes, longues de 5 à 0ᵐ 06 et grosses comme le doigt. On les fait avaler, puis on donne du lait à boire. Pour empâter vite un certain nombre de dindons, il faut se mettre deux ; l'une des personnes prend l'animal entre ses jambes, la queue vers elle et la tête du côté de ses genoux ; elle ouvre le bec avec précaution : il est fort large ; l'autre personne prend le pâton et l'introduit dans le bec en l'enfonçant jusque dans le gosier, en ayant soin toutefois de ne pas soulever la langue de l'animal et de ne pas le blesser avec ses ongles. Il faut faire descendre les pâtons jusque dans l'estomac en pressant, en descendant doucement avec l'index et le pouce, le cou des dindons ; il ne faut laisser aucune partie du dernier pâton dans la gorge ni dans le cou de l'animal ; on s'en assure en pressant doucement toute la longueur du cou. A mesure qu'on a empâté un dindon, on le met dans un petit parc, comme je l'ai indiqué pour les poules, afin de ne pas se méprendre et empâter deux fois le même.

Après cette dernière huitaine, qui fait sept à huit semaines d'engraissement, les dindonneaux doivent être parfaitement gras. Mais on verra, par ce détail, qu'il faut mettre la plus sévère économie, ne pas laisser perdre la plus petite partie d'aliments et employer les grains qui coûtent le moins cher pour faire ces engraissements avec profit, quand on en fait une spéculation. Si on se laisse aller au moindre désordre, qu'on emploie des grains d'un prix trop élevé, qu'on nourrisse à tort et à travers les dindonneaux qui sont à l'engrais et ceux qui n'y sont pas, le profit sera nul, si même on n'éprouve pas de perte.

Quand il s'agit d'engraisser quelques dindons pour sa propre consommation, l'avantage de les avoir à sa portée, celui de pouvoir leur faire consommer une foule de débris de cuisine, et surtout celui d'avoir des bêtes fines et parfaitemeut grasses, peut établir une compensation avec les frais; puis, on ne peut pas toujours, dans tous les pays, se procurer, même avec de l'argent, des volailles grasses et délicates comme le sont celles engraissées par les procédés que j'indique, et si on se trouve placé dans un pays où les glands, les fèves et les châtaignes sauvages sont abondants, l'engraissement sera très-peu coûteux. Si on a de grands champs à faire parcourir, lors même qu'ils seraient semés en trèfle, les dindons peuvent y aller; ils leur feraient peu de tort; ils ne mangent pas, comme les oies, jusqu'au cœur de la plante; ils se bornent à arracher quelques feuilles qu'ils saisissent avec leur bec pointu, ce qui ne fait aucun tort à la plante dans cette saison. L'engraissement sera tellement bien préparé par cette bonne nourriture, qu'on arrivera à le parfaire à peu de frais. Mais si on n'a pour envoyer ses dindons aux champs que des terrains vagues et dévorés par une foule d'autres animaux; ou qu'on ne les envoie pas aux champs, ils coûteront sans aucun doute plus qu'ils ne vaudront. Les dindons mâles engraissent bien plus difficilement que les femelles; il est même presque impossible de les amener à un état de graisse parfait; leur chair est aussi beaucoup moins délicate que celle des femelles, mais en retour ils sont beaucoup plus forts. Un dindon gras peut peser jusqu'à 8 kilog., une femelle ne dépasse jamais 5 kilog. On ne châtre pas les dindons.

Je suis sévère dans mes calculs, mais c'est l'expérience qui m'a rendue telle. Pour être assuré qu'on fait une spéculation avec profit, il faut se rendre compte de tout, apprécier tout et établir une balance : elle seule peut vous dire si vous faites bien ou mal. Un compte des dépenses et des recettes est donc indispensable.

Il faut ajouter cependant que l'on pourrait encore élever quelques dindons avec avantage : si on les envoyait aux champs avec les moutons ou les vaches; leur fiente étant plus solide et moins abondante que celle des oies, elle ne fait pas autant de tort aux pâturages qu'on leur fait partager avec ces animaux, et je suis convaincue que l'application de la betterave crue, à l'engraissement de la volaille, contribuera beaucoup à en augmenter le profit, parce que, relativement à la consommation et au produit, la betterave est une nourriture peu coûteuse *pour la volaille*. On pourrait peut-être trouver quelque autre plante qui aurait les mêmes avantages, comme la citrouille, qu'on donnerait cuite, le topinambour et certains herbages. Cette question a besoin d'être encore étudiée, et je crois que, quant à présent, on ne peut faire mieux qu'on ne fait.

Quant au pauvre villageois, qui élève quelques dindons pour les vendre maigres, il peut le faire avec un certain profit, parce qu'il emploie à leur garde de jeunes enfants qui resteraient inoccupés, et qui gardent ces quelques animaux le long des chemins et dans des lieux abandonnés, en quelque sorte, et impropres à tout autre emploi dans notre pauvre agriculture française, où l'on gaspille la terre comme si elle n'était pas ce que l'homme possède de plus précieux.

Il y a des substances qu'il faut se garder de donner aux dindons : la vesce et la jarousse leur donnent des indigestions terribles; la laitue, qui est assez bonne mêlée à du son ou de la recoupe, lorsqu'ils sont jeunes, leur donne la diarrhée, s'ils en reçoivent avec trop d'abondance. On dit que la jusquiame, la grande digitale, la ciguë noire leur donnent la mort. Il serait donc à propos de détruire ces plantes dans les environs des lieux qu'ils fréquentent ordinairement ; enfin les limaces, les limaçons et les sauterelles, dont ils sont toutefois fort avides, leur causent un flux de ventre dont ils meurent quelquefois, mais il faudrait qu'ils mangent ces insectes presque exclusivement pour qu'ils leur soient nuisibles ; ils mangent aussi les hannetons et leurs larves, et même on emploie quelquefois les dindons pour détruire ces insectes ; on leur fait suivre les charrues qui labourent un champ infecté ; mais mangés plusieurs jours de suite et en grande abondance, ils leur seraient nuisibles aussi, et donnent un très-mauvais goût à la chair.

§ 6. *Des maladies des dindons.*

Nous avons déjà dit que la pluie était le plus mortel ennemi des dindons. Dans leur premier âge, lorsqu'ils ont été mouillés, il faut les essuyer les uns après les autres devant un feu clair, et les placer sous une mue devant ce feu qu'on entretient jusqu'à ce qu'ils soient secs. On couvre la mue du côté opposé au feu. On peut leur faire avaler quelques gouttes de vin ou de cidre ; enfin ou emploie tous les moyens possibles pour les sécher et les réchauffer.

On voit quelquefois les poussins devenir languissants ; leurs plumes se hérissent sur tout le corps, le bout des plumes des ailes et de la queue devient blanchâtre, et, dans cet état, les jeunes dindonneaux périssent bientôt, s'ils ne sont secourus. Les fermières les appellent *échauffés*. On examine attentivement les plumes qui garnissent le dessous du croupion, ou en trouve deux ou trois dont le tuyau est rempli de sang ;

il suffit de les arracher pour rendre la santé aux malades.

Quand les poussins sont malades, ils prennent un
air triste et traînent les ailes ; il faut les séparer de
leur mère, afin qu'ils n'aillent pas aux champs, les tenir près du feu, et leur envelopper les pattes avec du
chanvre, pour qu'ils ne les becquettent pas ; on leur fait
avaler du vin, on leur donne à manger une pâtée composée de chenevis écrasé, de farine et mouillée de vin,
et s'ils ont encore l'habitude de coucher sous leur mue
avec la mère on les lui donne le soir, sinon, on ne
les lui rend que lorsqu'ils sont gais et vigoureux.

Plus tard, il leur vient quelquefois à la tête un en-
gorgement qu'on guérit en en facilitant l'écoulement
par les narines, qu'on lave et qu'on frotte avec du
beurre frais. Quelquefois la tête se couvre de tumeurs,
en forme de boutons ; on les lave avec de l'eau acidulée
de vinaigre ou avec du vin chaud, et on donne à manger du chenevis ou de la pâtée au vin.

Lorsque les dindons poussent le rouge, il en périt
beaucoup si le temps est variable, et presque point si
la saison est favorable ; il faut les nourrir avec d'excellents grains et leur faire manger une pâtée dans laquelle
on fait entrer du chenevis écrasé, du sel, du persil ha-
ché et du vin, et surtout redoubler de soins pour qu'ils
ne souffrent pas du froid.

Lorsque la croissance est terminée, les dindons sont
encore exposés à une autre maladie qui se manifeste
par des pustules, soit aux environs ou dans l'intérieur
du bec et jusque dans le gosier, soit aux parties les plus
dégarnies de plumes, telles que les faces internes des
ailes et des cuisses, soit enfin sur les caroncules du cou.
Rarement les dindons échappent à la mort lorsqu'ils
sont atteints de cette maladie ; cependant, on peut ten-

ter quelques moyens si les pustules sont extérieures. On peut cautériser avec un fer rougi à blanc, ou frotter plusieurs fois par jour les pustules avec de l'alcool camphré. On fait boire à l'animal du vin sucré et chaud; surtout il faut le séparer, à l'instant, de ses camarades.

Les dindons ne donnent d'autres produits que leur chair. Leurs plumes sont grossières et impropres aux usages auxquels servent celles des autres volailles; cependant, celles de la queue peuvent faire de petits balais pour l'usage de la cuisine.

On doit enlever les intestins du dindon, comme ceux de la poule, aussitôt qu'il est tué, et le plumer chaud. On tue les dindons comme les autres volailles. Dans certains pays, les marchandes de volailles recueillent leur sang lorsqu'elles les tuent; on le fait cuire et on l'assaisonne. C'est un met assez délicat, qui ressemble à du boudin. On prépare aussi leurs membres comme les cuisses d'oies, en y ajoutant de la graisse d'oie. Voyez à l'article *Oies*, Maison rustique des dames.

CHAPITRE IV.

De l'Oie.

L'oie est sans contredit l'oiseau de basse-cour le plus utile après la poule; la dépouille qu'elle donne trois fois par an, les plumes de ses ailes dont on fait des plumes à écrire, son duvet, sa peau avec laquelle on fait une fourrure fort élégante, appelée communément *peau de cygne;* sa graisse si abondante et si délicate; enfin sa chair qui est excellente à manger, lui donnent une grande importance dans les pays où l'on se livre en grand à son éducation. Dans ces contrées, il y a ordinairement dans chaque village un seul gardien qui mène toutes les oies au pâturage ; il les réunit au son de la cornemuse. Le soir, chaque bande va, sans hésitation, retrouver son toit où on lui distribue un supplément de nourriture.

(*Fig.* 8.)

Il y a deux espèces d'oies : une grosse (*fig.* 8), l'autre plus petite ; mais chacune de ces espèces a plusieurs variétés dont les dimensions varient. Lorsqu'on a des pâturages abondants, naturels ou faits à dessein, il est avantageux de choisir la plus grosse espèce ; mais lorsqu'au contraire on est embarrassé pour les nourrir, il faut élever la petite espèce ; cependant, il vaudrait peut-être mieux réduire le nombre de ses élèves et avoir la grosse espèce.

Les mâles, nommés jars, sont généralement blancs et les femelles ont toujours plus ou moins de gris ; il y en a même de noires ; celles qui sont blanches ou presque blanches, sont plus estimées à cause de leur plume et surtout de leur duvet. Il n'y a pas de différence dans la grosseur des mâles et des femelles.

Lorsqu'on conserve des oies pour recueillir leur plume pendant plus d'une année, il faut de préférence garder des mâles.

Les oies vivent en bonne intelligence avec les autres

oiseaux de basse-cour ; elles aiment la propreté, redoutent les endroits boueux et s'éloignent du fumier. Elles font très-souvent leur toilette ; il semblerait qu'elles savent que leur plumage est un de leurs produits. On doit les loger dans un toit particulier, sain, aéré, et assez spacieux pour qu'elles n'y soient pas entassées ; leur renouveler très-souvent la litière à fond et leur en mettre un peu de fraîche tous les jours.

On est loin de prendre ces soins pour les oies, qu'au contraire on entasse dans de petites écuries obscures et humides sur une couche énorme de fumier qui se met promptement en fermentation ; et cependant ces excellents animaux méritent bien qu'on les soigne mieux.

Un mâle suffit à six ou sept oies ; cependant il vaut mieux leur en donner moins, parce que le mâle n'est point comme le coq, qui ne s'occupe jamais ni de la couveuse ni de la couvée ; il est, au contraire, très-attentif à protéger l'une et l'autre.

Dans les oies, comme dans les autres oiseaux de basse-cour, il faut toujours faire un choix judicieux pour conserver ceux qu'on destine à la reproduction, afin d'améliorer la race, soin qu'on ne prend pas toujours. Les jars sont quelquefois très-méchants pour les enfants, et il ne faudrait pas s'exposer à garder un mâle méchant qui pourrait causer des accidents, surtout lorsqu'il a des petits.

Il y a des pays où chaque habitant d'un village a une ou deux oies et pas de jars. Au moment de la fécondation, on conduit les oies chez certains propriétaires qui ont des jars, et on paie un petit droit pour cela.

Il paraît que c'est dans les départements du Tarn,

de la Haute-Garonne et de l'Aude que se trouve la plus belle espèce d'oies. Les départements de la Vienne et des Deux-Sèvres en élèvent aussi de fort belles ; mais il paraît que celles des premiers départements cités ont sous le ventre une pelotte de graisse qui touche à terre quand l'oiseau marche ; lorsque les oies ont plus d'un an et qu'elles sont très-bien nourries, cette particularité se fait voir chez toutes. Cependant on pourrait se procurer des jars dans l'un des départements cités pour améliorer la race du pays si on n'en était pas content.

Il y a certains pays aussi où l'on engraisse et vend les jars aussitôt que les oies couvent. On en conserve de la jeune couvée pour féconder les mères qu'on garde ; mais je ne crois pas cette méthode bonne, bien qu'elle soit économique, parce que le jars coûte cher à nourrir, et parce qu'on doit nécessairement détériorer la race. On ne doit jamais descendre pour l'améliorer, mais toujours remonter ; or, un beau mâle doit être conservé tant qu'il est bon.

Les oies vivent vieilles, et lorsqu'elles sont habiles couveuses, il faut les conserver tant que leur ponte est abondante ; elles peuvent pondre jusqu'à quinze ou dix-huit œufs, même vingt, et elles ne peuvent en couver davantage. Lorsqu'on a des femelles moins fécondes, on peut acheter des œufs, parce qu'il arrive quelquefois qu'une oie pond plus d'œufs qu'elle n'en peut couver ; alors les propriétaires vendent leur excédant à ceux qui en manquent. D'autres fois, on ne fait pas couver l'oie, on vend ses œufs ; et lorsqu'elle a oublié sa couvée, on l'engraisse pour la vendre. Quelquefois encore on la laisse couver et on vend les petits quelques jours après leur naissance. Enfin l'éducation des oies offre une multitude de petites combinaisons industrielles et économiques, selon la position du maître et ses ressources.

Les oies sont des animaux très-dévastateurs, et par la manière dont ils dévorent les plantes et par leur fiente abondante, liquide et brûlante. Aucun animal ne peut manger après un troupeau d'oie. Ils mangent toutes les espèces de grains, les pommes de terre, les betteraves crues, les fruits et surtout les raisins. Le parcours et la nourriture herbacée leur sont indispensables; il serait inutile de songer à l'éducation des oies dans une basse-cour fermée. D'ailleurs leur voracité élèverait le prix de leur nourriture bien au-delà de celui de leur produit. Il faut, comme les poules et les dindons, que les oies trouvent leur nourriture une bonne partie de l'année à peu de frais; aussi les nourrit-on, pendant toute leur éducation d'abord, de ce qu'elles mangent aux champs, dans les chemins, dans les terrains vagues et même dans les bois où on les mène; puis d'herbages, qu'on arrache pour elles dans les terres labourables, dans les vignes, les jardins, et surtout de ceux qu'on peut recueillir dans les ruisseaux et dans les lieux marécageux, comme le cresson, la persicaire, etc., la moutarde sauvage, appelée *rusce* ou *sanfle*. Dans certains pays, le coquelicot sauvage, la nielle, leur conviennent particulièrement; la salade de toutes les espèces aussi. On doit joindre à cette nourriture un peu de son mouillé, et surtout ne pas négliger de leur donner à boire.

Si l'on voulait élever des oies en grand, et que le pays n'offrît pas la ressource de terrains vagues où l'on pourrait les envoyer aux champs, il faudrait faire des prairies artificielles pour leur parcours. Les oies ne sont point coureuses, et il serait très-facile de les leur faire paître avec ordre; c'est-à-dire de les tenir dans une partie du champ jusqu'à ce que toute l'herbe soit convenablement mangée, puis les conduire dans une autre partie tandis que la première dévorée re-pousserait. Par ce moyen, le pacage se maintiendrait plus long-temps.

Ces pacages seraient formés des plantes convenables à la nourriture des oies, que je viens de citer. Enfin il suffirait d'observer un peu quelles sont les herbes que préfèrent les oies, et d'en ensemencer leur pacage.

Après ce pacage, cette terre serait très-bien fumée pour recevoir une récolte quelconque ; car le fumier d'oies est très-actif, comme tous les fumiers d'oiseaux.

On pourrait même, avec avantage, ensemencer des champs en plantes propres à être arrachées pour les distribuer aux jeunes oies dans leur cour. Elles aiment beaucoup toutes les espèces de salade ; mais la culture de ces plantes est trop coûteuse pour la faire pour des oies ; il faudrait cultiver des plantes sauvages qui pren-draient un grand développement par la culture.

§ 1er. — *Soins à donner aux oies et à leurs oisons.*

Comme je l'ai dit, les oies ne font qu'une ponte et qu'une couvée par an. Elles commencent quelquefois à pondre dès le mois de janvier, mais plus ordinaire-ment en février. Une fois que le moment de la ponte est arrivé, il n'est plus nécessaire de laisser les oies avec le mâle ; cependant cela vaudrait mieux. On reconnaît que le moment de la ponte est venu quand les oies portent à leur bec des brins de paille dont elles veulent faire leur nid. Si l'oie choisit un endroit convenable, il ne faut pas la déranger, mais seulement l'aider à bien construire son nid. Si au contraire elle l'a mal placé, il faut lui commencer un nid dans un lieu convenable, c'est-à-dire dans un endroit sec, chaud et solitaire ; et placer à côté de la paille coupée afin de l'engager à le continuer, et même mettre sa nourriture à côté pour qu'elle puisse manger sans se déranger. Les oies pondent de deux jours l'un, quelquefois tous les jours. Quand elles ont pondu elles quittent le nid, et on leur laisse leur liberté. On enlève l'œuf, et pour ne pas la dégoûter de son nid on peut en laisser un de plâtre. On conserve les œufs dans un endroit sec et à l'abri de la gelée. Quand la ponte est achevée, l'oie manifeste le besoin de couver en ne quittant pas son nid ; alors on lui rend ses œufs : quinze sont bien suffisants. Si elle en avait pondu davantage, on les donnerait à celles qui, au contraire, en auraient moins.

Comme pour les poules, le nid doit être presque plat et n'offrir qu'une légère concavité. On nourrit les oies pendant la ponte et l'incubation avec du grain et des recoupes ou du son mouillé, et on leur donne à boire. Pendant l'incubation, il ne faut les lever qu'une fois par jour pour manger, boire et fienter. Les oies sont très-ardentes couveuses. La couvée dure de vingt-sept à vingt-huit jours ; vers le huitième ou dixième jour on mire les œufs pour retirer ceux qui sont clairs, comme je l'ai indiqué à l'article incubation des poules ; ces œufs sont bons à manger, mais peu délicats.

Lorsque les petits commencent à naître on les retire de dessous la mère, parce que, comme il y a souvent inégalité dans l'éclosion, elle pourrait négliger l'incubation des tardifs. On les place dans un panier garni de laine et près du feu. Le lendemain de leur naissance, on leur donne à manger un peu de mie de pain et des recoupes mouillées. Quand toute la couvée est éclose, on rend tous les enfants à la mère qui est ordinairement fort tendre. Le père prend aussi les petits en grande affection ; cinq ou six fois par jour on leur donne à manger, car la voracité de ces animaux se fait sentir aussitôt qu'ils naissent. On peut leur donner du son, mais c'est à tort qu'on croit cette substance très-nourrissante, elle l'est fort peu ; la recoupe vaut beaucoup mieux, et un peu de farine grossièrement moulue mêlée au son conviendrait très-bien aux oisons, et les ferait grossir à vue d'œil. Les pommes de terre cuites et écrasées leur conviennent aussi parfaitement, et peuvent remplacer la recoupe. Pour les faire manger, on place la mère à terre avec ses oisons, puis on leur distribue la nourriture ; aussitôt qu'ils ont mangé, on les remet dans leur nid pour recommencer une ou deux heures après. Si le temps est très-doux, on peut les faire sortir un peu au milieu du jour, et commencer lorsqu'ils ont cinq ou six jours. Dès qu'on peut se procurer quelques herbes, et les orties sont ordinairement les premières, on les coupe très-menues et on les mêle au son ou à la recoupe mouillées.

Voici le dessin (*fig.* 9) d'une petite machine fort simple et très-peu coûteuse pour couper les herbes qu'on distribue aux oisons ; elle pourrait aussi servir à l'élève des canards qui font comme les oies une grande dépense d'herbes hachées.

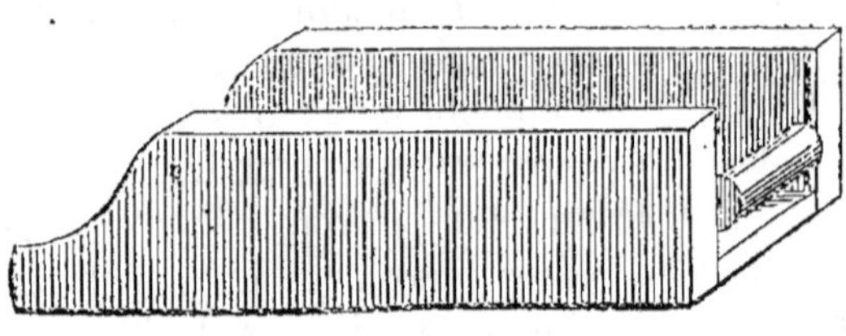

(*Fig.* 9.)

Les femmes qui élèvent des oies coupent les orties en réunissant les tiges la queue en haut, de sorte que les feuilles se trouvent placées à l'envers, elles serrent fortement la poignée qu'elles ont réunie, puis coupent, ou, pour ainsi dire, râpent avec un couteau cette réunion d'orties bien serrées ; ce travail est difficile et long, et même dangereux. Au moyen du petit instrument dont je viens de parler, ce travail doublerait et triplerait de vitesse, et n'offrirait plus de danger : nous employons ce petit instrument pour couper les feuilles que nous distribuons aux vers à soie dans leur premier âge.

On place une poignée d'orties dans la machine et on l'introduit sous le rouleau ; on les pousse avec la main gauche, tandis que la main droite, armée d'un couteau à lame large et bien tranchante, les coupe à mesure qu'elles dépassent le rouleau et les deux montants. La machine est fixée sur une table au moyen de deux vis, dans la position convenable. Pour exécuter ce travail convenablement on place la machine de biais. Nous nommons cet instrument *Coupe-feuille*. Lorsqu'on élève une certaine quantité d'oies et de canards, cet instrument est presqu'indispensable, c'est-à-dire qu'on trouvera une économie de temps considérable par son secours, et c'est surtout le temps qui est précieux et qu'il faut économiser dans une exploitation agricole.

Comme l'ortie est de toutes les plantes, celle qui paraît le mieux convenir aux jeunes oies, on pourrait en cultiver aux environs de la maison dans un lieu bien exposé au midi ; cette plante a une végétation très-active et repousse aussitôt qu'elle est coupée. Je crois même que ce serait un des moyens à employer pour élever avec avantage les oisons ; c'est une faute de vouloir faire l'éducation des oiseaux de basse-cour sans rien cultiver pour eux. Les gens de la campagne qui les élèvent en petit trouvent de suffisantes ressources dans la végétation naturelle, mais du moment qu'on voudra faire cela un peu en grand, il faudra recourir à l'art. Outre les orties, il faudrait semer de la salade qui convient parfaitement aussi ; et enfin il y aurait un avantage réel à faire des prairies artificielles des plantes que mangent les oisons, comme je l'ai déjà dit, pour les y envoyer aux champs avant la moisson, parce qu'après, les champs moissonnés leur offrent de grandes ressources. On leur fait paître aussi les prairies après la coupe des foins.

Dès qu'on a commencé à faire sortir les oies avec leurs petits, il faut les faire sortir tous les jours, mais éviter, avec le plus grand soin, qu'ils soient mouillés. On choisit d'abord le milieu du jour parce qu'il fait plus chaud ; mais quand le soleil devient trop ardent, comme les oisons le redoutent, on les fait sortir le matin et le soir. Chaque fois qu'ils rentrent, on leur donne à manger de l'herbe arrachée pour eux, et dès qu'ils sont assez forts pour la *déchiqueter*, on se dispense de la couper. On peut alors supprimer le son.

On peut donc nourrir les oisons et leurs parents jusqu'au moment de les engraisser par les moyens que j'indique, mais je répète que le parcours leur est indispensable, et que par conséquent il faut avoir une quantité d'oies assez considérable pour payer les frais du gardien. Les gens de la campagne emploient à cette garde des enfants et des vieillards qui ne pourraient pas faire autre chose.

§ 2. — *Manière de plumer les oies.*

On plume les vieilles oies trois fois par an, dès que leurs petits n'ont plus besoin de leur plume pour se réchauffer, ce qui arrive ordinairement vers la fin d'avril, commencement de mai, puis dans le courant de juillet, et enfin à la fin de septembre ; plus tard les oies souffriraient du froid.

On ne doit pas plumer les oisons avant qu'ils soient *croisés*, c'est-à-dire que le bout de leurs ailes se croisent sur leur dos, ce qui arrive ordinairement vers la fin de juin ou en juillet. On peut ensuite les plumer fin de septembre, si on ne les destine pas à l'engraissement à cette époque ; car il faut qu'une jeune oie soit bien emplumée pour engraisser.

On reconnaît que la plume est mûre quand elle se détache facilement ; si on la récolte trop tôt, elle se pelotonne et les vers s'y mettent. Il en est de même de la plume arrachée sur les oies mortes, si on les plume quand elles sont froides.

Il ne faut pas enlever tout le duvet des oies vivantes qu'on plume. Ordinairement on le laisse avec la plume ; mais lorsqu'on plume les oies mortes, on arrache d'abord la plume, puis ensuite le duvet qu'on met à part et qui se vend le double. On place la plume dans une chambre carrelée, bien sèche, et dans laquelle on n'entre jamais que pour ce qui a rapport à la plume, comme de la remuer de temps en temps ou la prendre pour l'ensacher et la vendre. Lorsqu'il fait beau et pas de vent, il est très-convenable d'ouvrir une ou deux fenêtres dans cette chambre pour donner de l'air à la plume. Les gens de la campagne la mettent dans des tonneaux et la remuent de temps en temps, ce qui est loin d'être aussi convenable.

Lorsqu'on veut employer la plume soi-même, il est très-à-propos de la mettre dans des sacs sans la fouler, puis de placer ces sacs dans un four dont on vient de tirer le pain. Cette espèce de cuisson la dessèche et détruit tous les insectes qui pourraient s'y trouver ; elle y perd aussi une odeur assez désagréable que contracte la plume entassée. On la retire du four quand il est froid ; mais pour la vendre elle perdrait beaucoup de son poids par cette préparation.

Dans les pays où l'on fait des peaux de cygne avec la peau de l'oie, on enlève avec le plus grand soin la plume, puis on écorche l'oie en fendant la peau par le dos. Cette peau se prépare ensuite par des moyens particuliers. Cette industrie a une grande extension dans le département de la Vienne ; à Poitiers, il y a une fabrique de peaux de cygnes qui fait beaucoup d'affaires. On les expédie à Paris, dans le midi de la France et dans le nord de l'Europe.

Dans certains pays, on vend les plumes des ailes pour faire des plumes à écrire, mais ce commerce a perdu beaucoup de son importance depuis l'invention des plumes de fer ; dans d'autres on coupe le fouet de l'aile, qui sert de plumeau pour épousseter les meubles et est d'un grand usage, dans certains pays ; on l'emploie aussi à nettoyer les pétrins, rassembler la farine, nettoyer les tables des paysans après le repas, etc., etc.; c'est un petit plumeau fort commode et très-peu coûteux : 5 à 8 centimes.

Une belle oie peut donner dans ses trois dépouilles environ 175 grammes de plume y compris le duvet ; même 200.

§ 3. — *Engraissement.*

L'oie est de toutes les volailles celle qui prend la graisse le plus facilement et avec le plus d'abondance ; il ne faut pas engraisser les oies plus tard qu'en novembre, parce qu'elles entrent ensuite en chaleur et n'engraissent plus. On peut commencer en août.

Avant de les mettre à l'engraissement il faut les y préparer par une bonne nourriture, afin qu'elles soient bien en chair avant de les engraisser ; pour cela il faut, à la rentrée des champs, leur donner quelques grains de peu de valeur, comme du blé noir, de l'avoine, du maïs et les faire barbotter dans de l'eau à laquelle on ajoute un peu de farine commune ou de recoupe. L'usage des betteraves crues les prépare très-bien à la graisse et est peu coûteux. On les conduit dans des chaumes où elles trouvent une quantité suffisante de grains. Lorsqu'elles sont en bon état, il faut les séquestrer, c'est-à-dire les placer dans un lieu obscur, silencieux et sain, et surtout les priver de toute distraction. Si on doit vendre les oies mortes il faut les plumer sous le ventre avant de les mettre à l'engrais, parce qu'elles salissent leurs plumes étant souvent couchées ; mais si on doit les vendre vivantes il ne faut pas le faire, elles seraient déparées et perdraient du prix ; alors il faut redoubler de soin pour qu'elles aient une litière très-propre. On peut, pendant les huit premiers jours de l'engraissement leur donner simplement à manger de l'avoine, et à boire de l'eau blanchie avec de la farine quelconque, trois fois par jour.

On donne cette nourriture dans de petites augettes en bois, longues, étroites et peu creuses, le long desquelles les oies peuvent se ranger à côté les unes des autres sans confusion. La construction de ces augettes est peu coûteuse et très-préférable aux vases ronds dans lesquels on leur donne ordinairement leur nourriture et autour desquels elles se bouleversent, se culbutent et se battent quelquefois pour approcher avant leurs camarades, ce qui nuit beaucoup à leur engraissement. Le repas fait on enlève les augettes pour que les oies dorment et digèrent sans arrière-pensée.

L'engraissement pourrait se faire entièrement ainsi et il paraît qu'un double décalitre d'avoine par tête suffirait, mais il serait long, et quoiqu'il paraisse moins coûteux, il le serait au moins autant qu'un engraissement fait avec des substances plus nutritives ; d'ailleurs les oies nourries avec l'avoine seule et à la dose d'un double décalitre ne sont pas arrivées à cet état complet de graisse qui les rend *informes*, on peut dire, et incapables de se tenir debout. Après six à sept jours de nourriture à l'avoine, on y ajoute des pommes de terre bouillies qu'on pétrit avec l'avoine et du lait caillé ; cinq ou six jours après on y mêle un peu de farine d'orge, de blé noir ou de maïs, des pois cuits ou concassés, des raves bouillies, etc., et on peut leur donner à boire du lait caillé mélangé de recoupe. En dix-huit ou vingt jours de ce traitement, à partir de celui où les oies ont été séquestrées, elles sont parfaitement grasses et cet engraissement est peu coûteux. Si l'on veut rendre l'engraissement plus parfait encore, après les repas on prend l'oie entre les jambes et on lui fait avaler deux fois par jour sept ou huit pâtons faits avec de la farine et des pommes de terre. Lorsque les oies sont arrivées à un état parfait de graisse, il faut les tuer de suite car elles maigriraient ; cet état n'est pas naturel.

On doit enlever le fumier des oies à l'engrais au moins tous les deux jours, et il faut le faire pendant qu'elles mangent afin de ne pas troubler leur digestion. Pour bien faire, il faudrait placer les augettes dans une pièce voisine de leur toit ou dans un petit parc, comme celui que j'ai indiqué pour les poulets, placé à côté de la porte du toit. Aussitôt le repas fini et la litière enlevée on ferait rentrer les oies dans leur toit où elles ne seraient plus troublées par aucune visite.

En Pologne, on met les oies, vers la fin de l'engraissement, dans des pots de terre défoncés et de forme convenable, de telle sorte que l'animal ne peut remuer dans aucun sens; on place ces pots dans une cage sur des barreaux, afin de laisser passage à la fiente. On empâte ensuite les oies; on ne leur donne pas ou fort peu à boire et on les place dans un lieu très-chaud. En quinze jours elles deviennent tellement grasses qu'on est quelquefois obligé de casser les pots pour les en retirer, on peut remplacer ces pots par des paniers clairs en osier grossier ; on pourrait faire faire ces pots facilement en France. Quelquefois le foie des oies engraissées ainsi, acquiert un volume énorme et devient très-délicat ; on en fait les pâtés si renommés de Strasbourg, de Toulouse et de Nérac.

Les vieilles oies engraissent plus facilement que les jeunes ; leur graisse est aussi bonne que celle des jeunes, mais leur chair est beaucoup plus dure. On amène assez ordinairement une oie de la grande espèce à peser 7 à 8 kilogrammes; il y en a qui arrivent jusqu'à 10, mais il faut bien trente-cinq à 40 jours d'engraissement pour arriver à cette perfection.

Si les oies ont leurs avantages, elles ont aussi leurs désagréments : cet animal est sale, en ce qu'il laisse des traces de sa fiente partout, et que loin de favoriser la végétation des plantes cette fiente les brûle , et les salit tellement, qu'aucun animal ne peut pâturer après elles ; cependant le fumier qu'on enlève dans leur toit est fort bon lorsqu'il est un peu consommé.

Les oies sont criardes, il n'est pas possible de parler un peu vivement là où elles se trouvent, parce qu'elles se mettent toutes à crier. S'il n'y a pas un gardien commun dans le village, il faut un petit domestique ou une petite servante pour les mener aux champs; elles consomment au logis d'énormes quantités d'herbes qu'il faut choisir selon leur goût et qui ne peuvent être arrachées qu'à la main. Il ne faut donc se livrer à l'éducation des oies que lorsqu'on se trouve dans des conditions favorables, ou qu'on aura su rendre telles, par des cultures appropriées à leurs besoins. Sans cela leur compte se balancerait en perte dans une maison bourgeoise. Je pense cependant qu'il y aurait avantage à faire leur éducation en grand, comme d'avoir un troupeau de deux ou trois cents oies, si on était placé pour cela. Il faut aussi considérer le plus ou moins de facilité et d'avantage de la vente, condition essentielle de toute spéculation; on doit aussi examiner s'il y aurait plus d'avantage à les élever jusqu'à l'époque de l'engraissement pour les vendre en bon état aux engraisseurs après les avoir plumées une fois, ou à les acheter pour l'engraissement : ceci est une question de localité qu'on ne peut résoudre ici.

Les oies de basse-cour ont beaucoup de tendance à suivre les oies sauvages; il est donc prudent lors du passage de ces dernières de surveiller les troupeaux d'oies.

§ 4. — *Maladies des oies*.

Les oies, comme les poules, sont sujettes à la pépie, à la diarrhée, à la vermine, à la constipation. Elles sont beaucoup plus sujettes à l'apoplexie. Cette maladie se manifeste par un tournoiement continuel sur

elles-mêmes; elles périraient bientôt si on ne les sai-
gnait en leur ouvrant, avec une forte aiguille ou un
canif, une veine assez apparente placée sous la mem-
brane qui sépare les ongles.

La ciguë, dont les oies sont très-avides et la jusquiame, sont pour elles des poisons violents; à peine
en ont-elles avalé une feuille, qu'elles tombent les
ailes étendues et périssent dans des convulsions, si
on ne leur administre du lait frais, avec de la rhu-
barbe. Les orties attaquées de la *miellée* ou du puceron
sont aussi pour elles un poison. On fait cesser les
accidents qui en résultent en leur donnant de l'eau
tiède dans laquelle on fait dissoudre 20 à 25 centi-
grammes de chaux.

Quand les oies sont très-grasses, on peut, au lieu
de les mettre à la broche pour recueillir leur graisse,
les préparer d'une autre manière; après les avoir bien
plumées, on enlève la graisse partout où elle se trouve
avec abondance et on la fait fondre comme celle du
porc; l'oie est encore fort bonne à manger.

On prépare aussi les membres par la salaison; quelquefois on les fait cuire dans la graisse pour les conserver en pots, ce qui est excellent ; on trouvera la
recette de ces préparations dans ma Maison rustique
des dames où elle est jointe à une foule d'autres recettes fort utile dans tous les ménages et principalement à la campagne.

CHAPITRE V.

Du Canard.

Le canard est de tous les oiseaux de basse-cour
le plus facile à élever, surtout si on se trouve placé

à proximité d'un étang, d'une mare, d'un ruisseau ou
d'une rivière, mais dans ce dernier cas il est à craindre
que la bande ne suive le cours de l'eau et ne s'égare.
Dès que les petits canards ont acquis assez de force
pour aller à l'eau on les voit croître à vue d'œil. Lorsqu'il fait chaud ils peuvent y aller dès le deuxième ou
troisième jour de leur naissance.

Il y a plusieurs variétés de canards, mais la plus
répandue est une espèce qui se rapproche tellement
du canard sauvage, qu'on pourrait presque les confondre ; ils sont seulement plus gros et ont surtout
les pattes plus grossières et souvent noires, tandis que
le canard sauvage les a sèches et délicates et d'un
jaune-oranger vif. On peut former des accouplements
de canards sauvages et domestiques, mais ils ne conservent pas la finesse du canard sauvage et perdent la
grosseur du domestique ; ils pourraient conserver la
faculté de faire de longs vols, ce qui les exposerait à
quitter leur habitation.

(*Fig.* 10.)

Le canard de Normandie est beaucoup plus gros que
le canard commun (*fig.* 10) ; il faut donc chercher à
s'en procurer, d'autant qu'il est plus facile à élever
que les autres races, et que, dans un temps donné, il
atteint un plus gros volume. Il y a dans les canards
communs une variété blanche qui est fort jolie , mais

plus petite que celle de couleur. Ils ont aussi, je crois, moins d'aptitude à prendre la graisse.

Il y a une espèce appelée canard musqué, ou de barbarie, ou des Indes, qui est beaucoup plus grosse que le canard commun, surtout le mâle ; il y en a de blancs, qui peuvent surtout faire l'ornement des eaux d'un parc ; le mâle porte une huppe sur la tête, qui est richement ornée de caroncules d'un rouge vif ; l'autre est de couleurs analogues au canard commun, mais beaucoup plus vives ; il est encore plus gros que le blanc ; c'est un fort bel animal. Mais cette race diffère beaucoup des autres par les habitudes : ces canards vont à l'eau, mais ne la recherchent point comme le canard commun, et ils se perchent volontiers sur des lieux peu élevés, tandis que le canard commun ne se perche jamais. La femelle fait elle-même son nid, où elle dépose et couve ses œufs. Si on la dérange, elle les abandonne quelquefois ; il suffit donc de la préserver des animaux nuisibles. Ses petits recherchent l'eau beaucoup plus qu'elle ; mais il faut les en écarter, si la saison n'est pas bien belle, parce qu'ils sont sensibles au froid. Ils se croisent volontiers avec le canard commun, mais seulement par le mâle, et les petits qui proviennent de ces accouplements sont excellents à manger et très-gros, mais inféconds. Le canard musqué est fort bon à manger, mais il faut lui enlever la tête aussitôt qu'il est tué, parce qu'elle communique au corps un goût musqué qui est fort désagréable. Il y a plusieurs autres variétés de canards, dont les uns recherchent plus l'eau que les autres. En général, les grosses races n'en ont point un besoin aussi impérieux que les petites, mais elles sont plus difficiles à élever.

Un mâle suffit à six cannes, et comme le mâle ne

s'occupe pas des couvées, on peut le supprimer aussitôt après la ponte, mais pour le remplacer au printemps suivant. Il vaudrait mieux se procurer un mâle dans une autre basse-cour que de garder un jeune canard de sa couvée, si l'on devait conserver l'année suivante les mêmes cannes ; il y a toujours désavantage à descendre pour accoupler les animaux: il y a moins d'inconvénients à le conserver, si on lui garde pour femmes ses sœurs, encore vaut-il mieux croiser les races, ce qui les améliore presque toujours si le croisement est fait avec intelligence. Il faudrait mettre le mâle avec les femelles dès le mois de janvier. Les cannes couvent trente jours et aiment à cacher leur ponte pour la couver où cela leur convient ; elles sont, en général, méchantes quand elles couvent, et à tel point qu'on est souvent obligé de leur enlever leurs petits quand ils sont éclos, parce que cette méchanceté entrave les soins qu'on doit donner sans cesse aux jeunes canards.

Tout ce que j'ai dit sur l'éducation, la couvée et les maladies des oies, peut s'appliquer aux canards. Seulement, ceux-ci ont un besoin plus impérieux d'eau, surtout dans leur jeunesse, et il ne faudrait pas élever de canards si on ne pouvait leur en procurer plus ou moins. Si on n'a ni étang, ni mare, on peut faire, dans la cour qu'ils habitent, une espèce de petit abreuvoir pavé qu'on alimente au moyen de l'eau d'un puits que l'on y fait couler quand il en est besoin. On place le vase qui contient leur nourriture à côté, et on couvre le tout d'une grande mue, les petits cannetons s'introduisent sous la mue par l'eau, et les petits poulets ne peuvent y aller. Mais les canards qui auront aussi peu d'eau à leur disposition croîtront lentement, et bientôt cette eau ne pourra plus servir qu'à les désaltérer, tandis qu'il leur est nécessaire d'aller s'ébattre dans l'eau et d'y trouver une foule d'insectes visibles ou invisibles à l'œil, mais que les canards trouvent en passant et repassant l'eau dans leur bec et en plongeant. Ils mangent le frai de grenouille et même les grenouilles, les salamandres, etc., etc.

On peut aussi faire couver des œufs de canard par des poules, et avec succès, ce qui ne peut avoir lieu pour les œufs d'oies, qui sont trop gros, et c'est à tort qu'on dit que des cannes qui ont été couvées par des poules ne couvent jamais elles-mêmes. Les poules ont une grande affection pour leurs cannetons, mais ils n'obéissent pas aussi bien à une poule qu'à une canne, et souvent la pauvre mère fait des cris inutiles, soit pour les appeler lorsqu'elle trouve quelque chose de bon à manger, soit pour les empêcher d'aller à l'eau, où elle les suit sans y entrer, et est quelquefois victime de son dévouement maternel, parce qu'elle s'y jette au moindre danger dont ils sont menacés et peut y périr. Ils quittent promptement cette mère adoptive, qui n'a pas leurs habitudes, mais ils peuvent facilement, et encore fort jeunes, se passer d'elle.

Les cannes pondent avec bien plus d'abondance que les oies, et leur ponte peut aller jusqu'à trente œufs et quelquefois plus, et même lorsqu'elles ne couvent pas ou qu'elles manquent leurs couvées, il leur arrive quelquefois de pondre quelques œufs en août; les cannes de l'année ne pondent jamais avant le printemps; seulement, si elles ont été précoces, leur ponte l'est aussi au printemps suivant; leurs œufs sont bien meilleurs que ceux des oies, mais ne valent pas ceux des poules, bien qu'on les estime pour la pâtisserie. Cependant, les blancs ne peuvent se battre comme ceux des poules, pour être convertis ce qu'on appelle en neige; ils ne montent pas.

Les cannetons courent le jour même de leur naissance, et iraient à l'eau si on ne s'y opposait pas. Mais
comme ils naissent souvent lorsque la saison est encore
froide, l'eau leur ferait mal ; il faut se borner, pendant
trois ou quatre jours, à leur donner de l'eau dans une
assiette ou un plat un peu creux, surtout s'ils ont été
couvés par une poule qui ne peut aller à l'eau avec
eux et les guider ; ils craignent beaucoup la pluie,
comme tous les jeunes oiseaux de basse-cour. Ils sont
excessivement voraces, et il faut leur donner à manger
au moins six ou huit fois par jour. Le coupe-feuille, dont
j'ai parlé à l'article des oies, n'est pas moins utile pour
préparer leur nourriture que pour celle des oies, et
les orties leur conviennent encore plus, c'est-à-dire que
je ne connais aucune plante qui puisse remplacer l'ortie pour faire la *mincée* des canards. On appelle mincée
les orties coupées en petites lanières très-fines, comme
je l'indique à l'article des oies, et mêlées avec du son
mouillé, mieux de la recoupe. La salade, qu'ils mangent
bien, leur donne la diarrhée si on la leur donne exclusivement ; on pourrait l'alterner avec les orties si on
manquait de ces dernières. Mais il faudrait cultiver des
orties si on voulait faire l'éducation des canards un peu
en grand.

Comme la chaleur leur est plus nécessaire qu'aux
oies, il faut, autant que possible, retarder les couvées.

Les canards mettent beaucoup moins de temps à atteindre leur croissance que les poulets ; on peut donc
les élever plus tard, cela convient même mieux à leur
éducation ; en trois ou quatre mois, un canard a atteint
son entier développement ; on peut le manger dès qu'il
a *les ailes croisées,* c'est-à-dire quand le fouet des ailes
se croise au-dessus de la queue, il n'est pas encore

gras, mais s'il a été bien nourri, il est en chair. L'éducation des canards est donc facile et prompte, ce qui la rend fort amusante.

Le parcours ne leur est point nécessaire, c'est-à-dire qu'on peut se dispenser de les mener aux champs; mais, moins encore que les poules, ils s'arrangeront d'être élevés dans une basse-cour fermée, et tout ce que j'ai dit au sujet des poulets, sur ce point, peut s'appliquer aux canards. Ils mangent beaucoup moins d'herbes que les oies, cependant ils paissent; ils sont encore plus carnivores que les poules, et dévorent toute espèce d'animal qu'on peut leur jeter; ils mangeraient un mouton, s'il était entamé. Il convient donc de leur donner tous les débris de viande de la cuisine, même les souris et les rats qu'on prend dans les piéges, pourvu qu'on n'ait pas employé le poison pour les prendre, et si on lâche une souris vivante au milieu d'une bande de canards, il lui est impossible de se sauver.

Les canards, outre qu'ils sont très-avides, ont, comme les oies, un besoin continuel de manger et surtout de boire; tant qu'on retient la mère sous une mue, si c'est une poule, il faut leur laisser à manger à leur disposition; une fois qu'ils suivent leur mère, on peut se borner à leur en donner, comme je viens de l'indiquer, parce qu'ils trouvent, guidés par leur mère, une foule d'insectes et d'herbes qui les nourrissent; il convient aussi de leur mettre à manger sous une mue, au bord de l'eau. On les y met d'abord, ils savent bientôt y retourner seuls. Ils mangent moins à la fois que les poules, mais digèrent avec une rapidité extraordinaire, ce qui exige de leur en donner souvent.

Quelquefois les cannes, au lieu de pondre dans le toit qu'on leur a consacré, pondent, ou dans des cachettes qu'elles ont choisies, ou n'importe dans quel lieu, jusqu'au milieu de la cour ; mais comme elles pondent presque toujours le matin et même avant huit heures, il est facile et à peu près indispensable de les tenir enfermées jusqu'à ce qu'elles aient pondu ; on peut aussi les tâter, et lâcher celles qui n'ont pas l'œuf.

Il arrive quelquefois que la canne est parvenue à se faire un nid au pied d'une haie ou d'un petit buisson, et qu'elle couve ses œufs et amène sa couvée pour avoir à manger au moment qu'on s'en doute le moins ; ces couvées seraient les meilleures si elles n'étaient pas exposées à une foule d'accidents. Si on découvre le nid, et qu'il soit possible de le mettre à l'abri sous une mue, ou un petit abri construit à dessein, il faut le laisser où il est, et donner une fois par jour seulement à manger et à boire à la canne, sous la mue.

C'est surtout pour l'élève des canards que la betterave est d'un usage économique et parfait ; la première fois qu'on leur en donne, ils les picottent et semblent les mépriser ; peu à peu ils s'y habituent et en deviennent tellement avides, qu'ils les dévorent dans un instant. Cette nourriture les amène à un état de graisse parfait, sans qu'il soit besoin de les enfermer, et la graisse qu'elle produit est plus blanche et plus ferme que celle de toutes les autres substances ; cependant, il ne faudrait pas se borner à cette nourriture, surtout si les canards étaient dans une basse-cour fermée ; mais elle peut former la base de leur alimentation ; la pomme de terre cuite leur réussit aussi très-bien, ainsi que les citrouilles et les raves ; ils mangent aussi tous les grains et farines qu'on donne aux poules, et sont avides de licoches et de limaçons, et comme ils ne grattent pas, ils font peu de tort aux jardins ; on peut

les y mettre pour faire la guerre à ces insectes destruc-
teurs.

Les canards s'engraissent par les mêmes procédés
que ceux que j'ai indiqués pour les oies, et on peut les
amener à un état de graisse tel, qu'il leur est impossible
de bouger. Comme les oies, dès le mois de janvier, ou
février, ou mars, l'engraissement devient très-difficile,
à cause de la saison des amours.

Quelquefois les mâles sont si ardents qu'ils courent
après les poules, les harcèlent et les tueraient, si on
ne les délivrait de ces libertins. Il en est même qu'on
ne peut garder dans une basse-cour où il y a des
poules, à cause de ce défaut.

Les canards sont très-avides de chrysalides de vers à
soie, qui leur profitent parfaitement, et alors leur
nourriture ne coûte rien, car les chrysalides d'une fila-
ture sont à peu près sans valeur. Mais il faut, avant de
manger les canards, qui en sont nourris, les alimenter
pendant quinze jours, trois semaines, avec d'autres
substances. La chrysalide donne à la chair de ces animaux un goût fort et très-désagréable, mais qui se perd
facilement. On peut donc, lorsqu'on a une magnanerie
et qu'on fait filer, élever un grand nombre de canards
presque sans frais ; on ne doit pas négliger ce produit. Les jeunes canards qui en sont nourris se déve-
loppent avec une rapidité incroyable ; mais il faut qu'ils
aient de l'eau en abondance, et il est nécessaire d'a-
jouter à cette nourriture échauffante de la salade ou
d'autres herbages.

Comme je l'ai dit, les canards atteignent leur entier
développement plus vite que les poulets ; trois, quatre,
quatre mois et demi au plus suffisent pour qu'ils soient
propres à être mis à l'engrais. Ils s'engraissent presque
aussi bien libres que renfermés. Il faut les plumer

chauds quand on les tue, et les vider comme je l'ai indiqué pour les autres volailles. Leur plume est fine, courte, arrondie et par conséquent excellente, bien qu'un préjugé la fasse mépriser par les gens ignorants, qui disent qu'*on ne peut pas mourir sur les plumes de canard;* c'est-à-dire qu'on y a une longue agonie. Ce préjugé est tellement absurde qu'il n'a pas besoin d'être combattu. J'ai entendu dire qu'on pouvait plumer les canards une fois avant de les engraisser; je ne l'ai pas fait : c'est à essayer. Leur plume est un faible profit, d'autant plus qu'elle ne se vendrait pas facilement dans le commerce.

Le désavantage qui existe à l'engraissement libre, qui d'ailleurs est plus long que celui par le séquestre, c'est qu'il faut engraisser toute la bande, tandis que lorsqu'on les enferme, on choisit ceux qu'on veut engraisser. Dans les premiers jours qu'ils sont enfermés, ils maigrissent; il ne faut pas qu'ils entendent leurs camarades libres.

On peut faire coucher les canards dans le poulailler, mais alors il faut leur réserver un coin au-dessus duquel il n'y ait pas de juchoir, car les poules les saliraient, ce qu'il faut éviter. Mais il est beaucoup plus convenable qu'ils aient un toit à part, parce qu'ils n'ont pas les mêmes mœurs que les poules, et ce toit serait indispensable si on en élevait beaucoup. On enlèvera leur litière encore plus fréquemment que celle des poules, parce qu'ils couchent dessus. Les canards ne perchent pas, ils rentrent beaucoup plus tard au toit que les poules, il ne faut donc pas le fermer avant de s'assurer qu'ils sont couchés.

Si on se trouvait placé dans des conditions favorables à l'éducation des canards, je pense qu'ils formeraient un des meilleurs produits d'une basse-cour. Ils sont

moins délicats que les autres volailles, viennent vite,
sont faciles à nourrir et à engraisser ; leur ponte dépasse de beaucoup les besoins de leur couvée, et on
peut, soit faire couver l'excédant de leurs œufs par des
poules, ce qui est souvent nécessaire parce que beaucoup de cannes ne couvent pas, soit le consommer, et
enfin, comme on ne peut pas en élever partout à
cause de la nécessité de l'eau, ils se vendent plus
cher en proportion des frais qu'ils occasionnent que
les autres volailles. Un canard ordinaire gras peut
peser de 1 kilog. 500 grammes à 2 kilog.; un canard
de grosse espèce peut peser depuis 2 kilog. jusqu'à
4 kilog., lorsqu'il est arrivé à un état parfait de graisse.
Il paraît qu'à Toulouse on a une très-belle espèce
qu'on pousse jusqu'à peser 5 kilogrammes et plus. Ces
engraissements sont achevés avec des boulettes de farine de maïs.

On prépare et on conserve la graisse et les membres des canards comme on le fait pour les oies. Voir
la Maison rustique des dames.

CHAPITRE VI.

De la Pintade.

La pintade (*fig.* 11) a une chair excellente, qu'on peut
comparer à celle du faisan, dont elle atteint presque
la qualité ; ses œufs sont petits, mais très-fins, et elle
pond beaucoup. La ponte ne commence que quand il
fait chaud. Elle va pondre ordinairement dans des
haies, au pied d'un buisson, il faut la guetter et ne
jamais laisser plus d'un œuf dans le nid de peur
d'accident, quelquefois on ne peut pas découvrir ce

nid, les pintades pondent jusqu'à 30 œufs. Un mâle suffit à six ou sept femelles.

Fig. 11.)

Cet oiseau est peu affectionné à la couvée; aussi il est plus sage de faire couver les œufs par des poules. La pintade est de la grosseur d'une poule moyenne; son plumage moucheté de blanc, de noir et de gris, est très-beau; sa tête et son cou sont environnés, comme ceux des dindons, de caroncules qui changent de couleur du rouge au bleu. C'est un fort bel oiseau et dont l'éducation serait très-profitable si son enfance n'était pas si délicate; aussi demande-t-il de grands soins : le froid, la pluie causent sa mort, et sa sauvagerie rend difficile de les éviter.

Il faut, dans leur jeune âge, nourrir les pintadeaux d'œufs durs hachés très-menus et mêlés de pain émietté, d'œufs de fourmis et de fourmis; on peut y ajouter du millet, du chenevis et du petit froment, de très-petits vermisseaux. On doit tenir la mère constamment sous une mue placée dans un lieu sec et chaud, et la garder dans un poulailler ou une chambre chaude, quand il pleut et fait froid. Quand les petits sont bien emplumés et que leurs caroncules sont tout-à-fait rouges, ils deviennent très-rustiques et même sauvages, aussi faut-il mettre tous ses soins à les apprivoiser quand ils sont jeunes, en les faisant manger près de soi, même dans la main. Lorsqu'ils sont adultes, on les nourrit comme les dindons et ils n'ont point besoin d'être engraissés ; bien nourries, les pintades sont comme les oiseaux sauvages, en bonne chair sans graisse surabondante ; elles restent en troupe comme les perdrix et même les canards, elles ne se dispersent pas comme les poulets lorsqu'ils sont grands.

Il faut laisser coucher les pintades dehors, sur une roue ou dans un arbre ; pour les tuer on va à la nuit les surprendre dans leur gîte où on les fait entrer, en leur donnant à manger, dans une petite cour ou dans une chambre; il serait bien de leur apprendre à venir recevoir leur nourriture dans un petit parc fait à dessein, ce serait un moyen de les apprivoiser et de les prendre. Elles ont toutefois un défaut qui les rend souvent intolérables dans une basse-cour voisine des maisons d'habitation, ce sont leurs cris aigus qu'elles redoublent aussitôt qu'elles entendent parler ; leur sauvagerie en fait perdre aussi fort souvent. Je le répète, il est à regretter que les pintades aient ces défauts, car leur chair est excellente et elles forment un joli ornement dans une basse-cour.

Les pintades sont sujettes aux mêmes maladies que les dindons et réclament les mêmes soins. Elles vont aux champs, mais il est difficile de les y conduire et de les y garder ; elles y vont seules et font des dégâts.

CHAPITRE VII.

Du Faisan.

Il y a trois espèces de faisans : le faisan commun, dont la poule est grise et grosse comme la poule commune, et le mâle à peu près de la même grosseur, mais orné d'un magnifique plumage et d'une longue queue.

Le faisan argenté, plus gros que le commun ; la femelle et le mâle ont du rapport dans le plumage, mais le mâle l'emporte de beaucoup en beauté ; il est magnifique. Cette espèce s'élève aussi bien que le commun.

Le faisan doré, qui est un des plus beaux oiseaux qui existent et qui est d'un caractère farouche et méchant, est beaucoup plus petit que les deux autres races. Sa femelle est plus grosse que lui et semblable à peu près à celle du faisan commun. Il ne prend son beau plumage qu'au printemps qui suit l'époque de sa naissance ; il est très-délicat.

Le faisan est de tous les oiseaux celui dont la chair est le plus estimée ; elle est effectivement fort délicate, mais la perdrix rouge et la pintade lui cèdent peu en qualité. Le soin extrême qu'on met à préparer et à faire cuire un faisan qui a coûté fort cher et est très-rare ajoute beaucoup à son mérite.

On est parvenu à élever des faisans dans la basse-cour ; mais leur enfance est au moins aussi délicate que celle de la perdrix, et, de plus, ils ont à supporter une crise souvent funeste au moment de la mue de la queue, qui a lieu vers le troisième mois.

Lorsqu'on est parvenu à se procurer des œufs de faisan, ce qui est assez facile si on a un mâle et plusieurs femelles enfermées avec lui dans une petite cour grillée, il est préférable de les faire couver par une petite poule anglaise, parce que son extrême familiarité apprivoise un peu les jeunes faisans qui sont d'un caractère très-sauvage. D'ailleurs, une poule faisanne ne couve pas en cage, mais elle y pond jusqu'à

20 ou 25 œufs. On peut espérer d'élever quatre ou cinq faisans par couvée de quinze œufs. Si l'on ne veut pas faire les frais d'une petite cour couverte en filets, dans laquelle on conserve les jeunes faisans tant qu'ils ne sont pas bons à manger, on peut les laisser dans la basse-cour et ils sont même mieux portants et meilleurs à manger, mais alors il faut leur casser le fouet de l'aile avant qu'ils puissent voler; ils supportent assez bien cette opération; s'ils s'envolaient ils gagneraient promptement les bois, ne reviendraient plus à la basse-cour et il ne serait possible de les avoir qu'à coups de fusil, à moins qu'ils soient très-nombreux et en quelque sorte apprivoisés, comme j'en ai vu à la belle faisanderie de Vincennes, qui avait été établie par les ordres du roi Charles X. Ces faisans élevés en très-grand nombre (sept à huit cents) dans une vaste cour où étaient disposées leurs petites habitations, couvertes de filets, recevaient, quand ils pouvaient voler, à manger dans une des allées du bois; le garde sifflait aux heures de repas et l'on voyait fondre de toutes parts des nuées de faisans qui venaient chercher leur pitance, qu'on faisait venir à grand frais des départements, car la majeure partie se composait de fourmis. Il était impossible d'approcher de ces troupes de faisans, et il eut été encore plus difficile de les prendre autrement qu'avec des filets; ils étaient destinés à être chassés par Charles X, lorsqu'il venait faire une battue dans le bois de Vincennes. On avait établi un tir près de la faisanderie.

On peut garder le père et la mère dans une très-grande cabanne en bois dont le devant est fermé avec un grillage de bois, mieux de fer, parce qu'il intercepte moins la lumière et l'air; mais il ne faut pas

songer à élever les jeunes faisans dans un aussi
petit espace. Dans les premiers jours de leur existence
on peut placer la mère dans une boîte de 2 mètres de
long sur 0^m 60 à 80 de large et de 0^m 30 de profondeur. A l'un des bouts de la caisse on place quelques
barreaux verticaux, et on recouvre aussi cette petite
séparation avec un couvercle à jour. On met la poule
qui a couvé les faisans dans cette case avec les petits
qui passent facilement à travers les barreaux de
la case. On place la nourriture des faisandeaux
dans la partie libre de la caisse, et ils vont et
viennent de cet espace dans celui occupé par la mère à
laquelle on donne à manger et à boire dans sa case.
Par ce moyen on peut facilement sortir la petite famille
et la rentrer selon le temps et sans les effaroucher ni
les déranger. Des caisses à savon peuvent être appropriées à cet usage. Lorsque les faisandeaux commencent à grossir, on peut faire un enclos de planches de
3 à 4 mètres sur chaque face, au milieu duquel on
plante un piquet plus élevé ; on couvre le tout d'un
filet fait avec de la grosse ficelle et on élève dans un
coin un petit toit pour servir d'abri à la couvée. Cet
enclos doit être dans un lieu sec, en pente et sablé ;
on y jette des grains à l'avance, pour qu'ils y germent,
parce que les petits faisandeaux mangent les jeunes
tiges. Enfermés ainsi avec leur mère adoptive, une
petite poule, ils prospèrent très-bien (ce petit établissement n'est pas très-coûteux), s'ils reçoivent une
nourriture convenable. Dès qu'ils sont éclos, et leur
éclosion réclame les mêmes soins que celle des poulets et même plus encore, il faut leur donner des œufs
durs hachés très-menus et des œufs de fourmis, des
fourmis même, on doit leur distribuer peu de nourriture à la fois et très-souvent et il faut qu'ils aient tou-

jours de l'eau claire dans un vase peu creux pour éviter qu'ils se mouillent. On met les fourmis dans un sac avec une pelle et on met ce sac dans le four après que le pain en est retiré; les fourmis meurent, et alors il est facile de les donner aux faisandeaux. Il est préférable de leur donner les œufs crus. On emploie le même moyen pour les prendre dans la fourmillière; ils sont au fond et on les trouve quand a on pris ce qui doit passer au four. A l'âge d'un mois on peut ajouter à cette nourriture délicate du petit blé, du maïs-poulet ou concassé, du millet, du sarrazin, du chenevis, même des criblures de grains, et on peut supprimer les œufs et même les œufs de fourmis. Mais au moment de la mue, qui a lieu à deux mois, ils ont besoin d'une nourriture animale, alors il faut leur donner de nouveau des fourmis, de petits vers; même de la viande cuite séchée au four et hachée leur conviendrait. Aussitôt cette crise passée, ils se nourrissent comme les autres volailles, mais si on les tient enfermés il faut leur jeter des herbages, de la salade et autres herbes qu'on verrait leur convenir, et continuer aussi de leur donner un peu de nourriture animale. Il faut couvrir la cour des faisans avec des paillassons quand il pleut, et le soir leur donner du soleil chaque fois que cela est possible.

Le prix élevé que se vendent les faisans à Paris et dans les grandes villes, peut largement payer les dépenses de leur nourriture, si on peut se procurer des œufs de fourmis dans son voisinage. Quant aux soins continuels qu'ils réclament ils ne peuvent être payés que si on en avait un certain nombre qui permettrait d'y consacrer une personne spéciale. Mais ces soins peuvent être donnés, comme amusement, par le maître de la maison, ce serait même un moyen à offrir à des jeunes personnes pour se faire un petit revenu ; tant de jeunes filles gaspillent leur temps inutilement qu'il serait très-préférable de le leur voir employer à élever des faisans.

On a réussi à accoupler le mâle faisan avec la poule anglaise, ce qui fait une race métisse, dont la chair est fort délicate et les petits moins difficiles à élever ; mais les individus provenus de ces accouplements ne se reproduisent pas : ils sont mulets. On les élève plus facilement que les faisans. Pour obtenir ce croisement on met un mâle faisan avec trois ou quatre poules anglaises dans une petite cour ou une case préparée comme je l'ai indiquée, et dans laquelle on élève une petite cabane pour servir de poulailler aux poules, il ne faut pas négliger de mettre un perchoir, car les poules et les faisans se perchent.

CHAPITRE VIII.

De la Perdrix rouge et grise.

On ne peut obtenir d'œufs de perdrix en les tenant en cage, mais on peut assez facilement s'en procurer, parce que les gens de la campagne, surtout les bergers et les faucheurs trouvent souvent des nids. Si les œufs ne sont pas couvés, ce dont on s'assure en en cassant un, on peut les garder jusqu'à ce qu'on se soit procuré une poule qui veuille couver. Les poules anglaises sont préférables. Si l'incubation est commencée, il faut mettre le plus grand soin à ne pas laisser refroidir les œufs et les placer immédiatement sous n'importe quelle poule qui couve, puis se procurer une poule anglaise, car une très-grosse poule ne conviendrait pas pour élever des perdreaux ; on peut donc

se procurer une poule convenable et lui donner les
œufs de perdrix, les substituer même aux sens : il
est facile de tromper une poule qui couve, et lorsque
les perdreaux éclosent elle les adopterait parfaitement.
Les poules anglaises conviennent mieux que toutes
les autres races, parce qu'elles sont excellentes mères
et ont les manières plus douces que les grosses races
de poule, dont le poids seul pourrait nuire aux perdreaux. D'ailleurs elles ne sont jamais aussi familières
qu'une poule anglaise, et cette familiarité est absolument nécessaire pour élever des perdreaux.

Les gris sont plus faciles à élever que les rouges ; ils
s'apprivoisent mieux.

Les soins que réclament les perdreaux sont semblables à ceux que demandent les faisans. Il est plus
facile de leur laisser leur liberté ; ils sont moins sauvages, et il est quelquefois possible d'obtenir qu'ils reviennent à la basse-cour tout l'hiver et aillent coucher
au poulailler ; mais vers les mois de février et mars,
temps des accouplements, ils se dispersent.

Les chiens de chasse les poursuivent aussitôt qu'ils
s'écartent un peu de la basse-cour, et même quelquefois dans la basse-cour ; et les chats qui ne mangent
pas les petits poulets, mangent très-bien les petits
perdreaux. Si on veut les amener à bien, il est donc
sage de les tenir enfermés au moins jusqu'à deux
mois ; à cette époque ils sont très-agiles et fuient leur
ennemi.

Les œufs de perdrix rouges sont blanc sale piquetés
de brun ; ceux de perdrix grises sont d'un blanc ver-
dâtre.

CHAPITRE IX.

De la Caille.

On se procure des œufs de caille par le même moyen que des œufs de perdrix, et on les élève exactement de même. La caille est plus rustique que les perdrix et plus facile à élever. Son peu de valeur fait qu'on se livre moins à son éducation, qui cependant aurait plus de succès que celle de la perdrix et du faisan.

CHAPITRE X.

Du Paon.

Tout le monde connaît l'élégant plumage et les riches couleurs dont la nature s'est plu à parer ce bel oiseau originaire de l'Inde. C'est aussi plutôt comme ornement que comme produit qu'on l'entretient dans une basse-cour; cependant les jeunes paonneaux sont fort bons à manger. Les vieux ont la chair dure et coriace; mais en cela ils ressemblent beaucoup aux autres oiseaux de basse-cour.

Le paon a une certaine analogie avec le dindon et la pintade, et on remarque même que c'est de tous les oiseaux de basse-cour ceux qu'il affectionne le plus; comme eux il se plaît à jucher dehors, sur les arbres et même sur les toits. Il montre pour les femelles autant d'ardeur que les coqs, et on lui en donne ordinairement quatre à cinq; quand il en a moins, il les fatigue au point de les rendre stériles.

La paonne pond rarement dans le poulailler; elle cherche comme la pintade à cacher ses œufs. Elle ne fait qu'une ponte par an de sept à huit œufs; elle les couve elle-même si on la laisse libre du choix de son nid ; mais si on veut se mêler de la faire couver, elle abandonne ses œufs. Aussi vaut-il mieux les faire couver par une poule d'Inde. La couvée se conduit comme celle des dindons, et les petits réclament les mêmes soins. Les paonneaux sont malades au moment où ils sont prêts d'avoir l'aigrette ; c'est un temps de crise comme celle des dindonneaux qui poussent le rouge. Aussi doit-on prendre d'eux les mêmes soins. Il ne faut pas les laisser aller auprès du mâle avant qu'ils aient l'aigrette, car il les maltraiterait comme il maltraite presque tous les oiseaux de basse-cour.

Le paon mâle n'atteint son entier développement qu'à l'âge de trois ans, la femelle un an plus tôt.

Quand la femelle a couvé, elle emmène ses petits et veut les faire coucher dehors, même sur les arbres ou les toits. Comme ils sont trop faibles pour voler, ils montent sur son dos, et elle les enlève pour les porter où elle veut les loger. Il faut l'aider, car elle pourrait en laisser par terre, et ils périraient. Au bout de quelques jours il n'est plus besoin de s'en occuper. L'humeur sauvage de ces oiseaux leur fait chercher leur vie comme s'ils n'étaient pas à l'état de domesticité. Cependant ils reviennent à la basse-cour, et on parvient à les priver parfaitement ; mais ils sont souvent tellement méchants qu'il n'y a pas moyen de les garder. J'en ai vu un chez M. Leroy, célèbre pépiniériste à Angers, qui était si bien privé, qu'il venait sans cesse dans la maison et n'en quittait pas les environs ; mais il était si méchant pour les enfants et les chiens, qu'il a causé plusieurs accidents graves et qu'il a fallu le détruire. Il poursuivait à outrance certains enfants qui lui déplaisaient, leur sautait au visage et leur faisait de terribles égratignures.

10.

CHAPITRE XI.

Du Cygne.

On s'occupe peu en France aujourd'hui de l'éducation du cygne, qui pourrait cependant offrir quelques produits à l'économie domestique, et qui est le plus bel ornement qu'on puisse mettre dans une pièce d'eau, qui leur est indispensable, et leur convient d'autant mieux qu'elle est plus vaste. Ces animaux, plus que tous les oiseaux d'eau qu'on a réduits à l'état de domesticité, ont un besoin impérieux d'eau. Donc lorsqu'on a des bassins ou des pièces d'eau, car il serait dangereux d'entretenir des cygnes sur une rivière, ils suivraient son cours et s'en iraient, il faut bâtir pour chaque couple, sur les bords, une petite cabane en bois élevée sur des pieds, afin qu'elle ne pourisse pas trop vite. Elle doit avoir une porte derrière et une ouverture en avant à laquelle on adapte une planche en pente garnie de petites traverses en bois qui forment des marches qui conduisent à l'eau : c'est là que le mâle et la femelle se livrent aux douceurs de leur union et aux soins qu'exigent leurs petits. La porte de derrière sert à s'introduire dans la cabane pour la nettoyer et visiter les couvées. La ponte commence en février ; la femelle pond de deux jours l'un, de cinq à huit œufs gros comme le poing, blancs et bons à manger. Pour l'engager à pondre dans la cabane plutôt que dans l'herbe et les broussailles du bord de l'eau, il faut y placer sa nourriture et de la paille.

Pendant l'incubation, qui dure cinquante jours, il

faut avoir soin de tenir la cabane dans un état parfait de propreté, et placer à la portée de la couveuse une terrine pleine d'eau dans laquelle on met quelques poignées d'avoine ; il est convenable aussi de lui donner de la salade ou d'autres herbages, et même quelqu'autre espèce de grains. Il faut lui donner chaque jour ce qui lui est nécessaire pour la journée ; elle n'exige pas d'autres soins. Le mâle la quitte fort peu, et semble se tenir auprès d'elle pour la défendre. On le dit même dangereux, dans ce cas, pour les personnes qu'il ne connaît pas et qui tenteraient de troubler sa couvée ; il a une force extraordinaire dans le bec et dans les ailes.

Lorsque les petits sont éclos, on les nourrit avec de l'orge moulue, des croûtes de pain trempées, même dans du lait, et il est bien de mêler de temps en temps un peu de viande hachée et de salade coupée menue à cette pâtée. Du reste, le père et la mère en prennent un soin extrême : ils vont à l'eau aussitôt qu'ils sont nés, et ont par conséquent besoin d'en être très-près pour pouvoir aller y jouer et s'y laver. On remarque que quand ils sont à l'eau, la mère nage à leur tête et le père se tient derrière. Ils sont d'abord couverts d'un duvet gris, et ensuite de plumes de couleur ; ce n'est qu'à deux ans qu'ils prennent leur admirable robe blanche. Ce n'est aussi qu'à cette époque qu'ils ressentent pour la première fois le besoin de s'appareiller ; c'est aussi à cette époque, à partir de celle où ils sont presque aussi gros que leurs parents, qu'ils sont bons à manger.

On nourrit les cygnes avec toute espèce de grains, du pain, des herbes hachées grossièrement, des tripailles, des déchets de viande. L'avoine est le grain qu'ils préfèrent ; outre cela, ils paissent l'herbe qui

croît sur le bord des eaux qu'ils habitent, et se nourrissent aussi de poissons, de grenouilles et de tous les
insectes d'eau. L'hiver, les cygnes ont besoin d'une
plus grande abondance de nourriture que l'été, parce
qu'ils sont privés des ressources que leur offrent la
végétation et les insectes.

Les jeunes cygnes sont chassés par leurs parents à
l'entrée de l'hiver ; ils restent ensemble jusqu'à ce qu'ils
ressentent le besoin de s'appareiller. Cette époque
est marquée par de terribles combats que se livrent
les mâles pour la possession des femelles ; mais une
fois les couples formés, ils sont constants. Pour éviter
ces combats il faut ne laisser qu'un nombre égal de mâles
et de femelles, et se défaire de ceux qui forment un
nombre impair. Les femelles sont toujours plus petites
que les mâles, elles ont le cou plus fin et le tubercule
du bec moins gros.

Le cygne vit très-long-temps. La chair des jeunes est
tendre et de bon goût, celle des vieux est dure et coriace ; mais le produit de ces oiseaux est surtout par leur
plume et leur duvet. On les plume en mai et au commencement de septembre ; il ne faut plumer les couveuses qu'après la couvée et les mâles qu'après la
pariade.

Le duvet du cygne est extrêmement recherché, et
ne le cède guère à l'édredon.

Il faut casser et tordre le fouet de l'aile des jeunes
cygnes, parce que lorsqu'ils seraient en état de voler
et qu'il passerait des cygnes ou même des oies sauvages, ils iraient les rejoindre.

Nous convenons sans peine qu'il est plus avantageux
d'élever des oies que des cygnes ; elles sont plus fécondes, viennent plus vite et coûtent moins à nourrir ;
et de plus, on n'est pas obligé comme pour les cygnes

d'entretenir un nombre égal de mâles et de femelles ; mais malgré ces inconvénients, je pense qu'on pourrait avoir des cygnes avec un certain avantage si on était placé dans une localité très-convenable à leur élève, et qui de plus permît d'envoyer les jeunes cygnes aux marchands de comestibles de Paris ou d'une très-grande ville. D'autre part, ces oiseaux sont le plus bel ornement qu'on puisse placer dans une pièce d'eau.

CHAPITRE XII.

Du Lapin.

Les abus qui résultaient autrefois de la trop grande quantité de lapins, entretenus dans des garennes libres, avaient, à juste titre, excité les plaintes des cultivateurs. A l'époque de la révolution de 93, où tous les abus du pouvoir arbitraire furent atteints et détruits, les garennes libres n'échappèrent pas aux réformateurs ; et si quelques lapins, plus rusés que les autres, n'avaient su fuir le carnage, cette race précieuse et féconde serait détruite. Aujourd'hui que le temps a rendu à chacun ses droits, sans abus, les lapins ont repeuplé dans les lieux qui convenaient à leurs habitudes ; le nombre et l'avidité des chasseurs en restreint le nombre, et ces paisibles animaux restent dans des bornes qui ne peuvent faire soulever de nouveau les peuples contre eux. Il est même des contrées et des lieux où l'on pourrait en mettre quelques-uns sans inconvénient ; ils y peupleraient et fourniraient aux chasseurs un nouvel attrait. On peut donc transporter des lapins mâles et femelles pris au furêt, dans les côtes exposées au midi et non trop éloignées de l'eau, ils y peupleront, à moins que le sous-sol mette

un obstacle invincible à la fabrication de leurs terriers.

Le lapin de garenne commence à produire à six
mois. Les femelles font de quatre à six petits, et quatre,
cinq ou six portées par an ; mais cette innombrable
progéniture est loin d'arriver toute à bien, car il faudrait bientôt une nouvelle révolution si l'on ne voulait
pas voir le monde dévoré par les lapins. Mille animaux, plus ou moins gros, sont les ennemis de ces
inoffensives petites bêtes, et les chasseurs ne sont pas
les plus à craindre pour eux. Cependant, il ne faudrait
pas interdire la chasse des lapins trop long-temps,
car ils peupleraient tellement, leur plus grand ennemi
étant empêché, que bientôt les abus renaîtraient.

Nous allons d'abord traiter du lapin domestique qui
rentre mieux dans le cadre de cet ouvrage que le lapin
de garenne, et nous dirons un mot de ces derniers par
complément.

§ 1er. — *Du lapin domestique.*

Le lapin est trop connu pour que je m'arrête à en
faire la description. Je dirai seulement que l'état de
domesticité lui a donné beaucoup de taille et de poids,
mais en retour lui a fait perdre une partie de la finesse
de sa chair.

Le lapin domestique est plus varié dans ses couleurs
que le lapin sauvage : il y en a de gris, de rouges, de
noirs, de blancs et de panachés ; cela tient au croisement des races, car il y a plusieurs races de lapins
dans le monde. Toutefois, on a remarqué qu'il y a
dans presque toutes les portées des lapins de couleur,
un ou deux petits lapins gris qui est la couleur du
lapin sauvage : le type primitif ne se perd pas.

Il y a plusieurs manières d'élever des lapins, soit en les entretenant dans des loges, soit en leur donnant une cour fermée dans laquelle on leur prépare des logements, mais où on les laisse libres.

Le lapin est un petit animal domestique très-précieux à la campagne; il donne beaucoup de produits avec très-peu de frais, et a l'avantage d'offrir, en toute saison, à la maîtresse d'une maison, un met abondant, sain, qui se prête à plusieurs sortes d'assaisonnements et est peu coûteux. Généralement on n'apporte pas à l'éducation des lapins les soins que ces utiles et féconds animaux mériteraient; et, en général, ils végètent malheureux et enfermés dans des lieux humides, obscurs et malsains; aussi leur fécondité est souvent inutile, et leurs petits périssent en grande partie avant d'être bons à manger. Cependant, une ménagère attentive doit s'occuper de la conservation et de la multiplication de ce paisible et inoffensif animal, qui offre de grandes ressources et peut être vendu sur les marchés avec avantage.

§ 2. — *Disposition du clapier.*

La principale cause qui s'oppose à ce qu'un plus grand nombre de personnes se livrent à l'élève du lapin, est cette mortalité fréquente qui enlève quelquefois des portées entières et décourage les propriétaires; elle est presque toujours due au défaut de soins, à des habitations malsaines et malpropres, à une mauvaise nourriture. Ces causes sont les mêmes qui nuisent presque à tout le bétail en France. On se plaint des vices des races, de leur pauvreté, et l'on ne cherche pas bien la cause du mal; elle est là.

Lorsqu'on veut voir prospérer les lapins, il faut leur

donner une habitation convenable ; il leur faut aussi une petite cour pavée, entourée de murs qui les mettent à l'abri des attaques des renards, des fouines, des chiens et des chats, et dont les fondations de $1^m 50$ de profondeur s'opposent à ce que les lapins, en fouillant, puissent pénétrer au-dehors. Cependant cette profondeur de fondation n'est nécessaire qu'autant que la cour n'est pas assez bien pavée pour qu'ils ne puissent fouiller ; elle doit être garnie de litière souvent renouvelée ; le fumier des lapins est excellent, il paiera donc bien la paille qu'on y consacrera. Dans les pays où il y a de la marne, on doit toujours en mettre une couche dans la cour et l'habitation des lapins, elle absorbe parfaitement non-seulement l'humidité, mais encore l'odeur. D'un côté du mur exposé au levant ou au midi, on fait un appentis sous lequel on établit les petites cabanes destinées à chaque femelle et aux mâles ; il faut que l'appentis soit assez grand pour que, outre les cabanes, on puisse y placer la nourriture des lapins qui sont dans la cour, et qu'ils y trouvent un abri. Cette petite cour est destinée aux lapins assez forts pour vivre en commun, en attendant qu'ils soient en état d'être mangés.

Les cabanes doivent être élevées de $0^m 20$ à $0^m 25$ au-dessus du sol, et construites soit en planches de bois dur, soit en fortes lattes mal jointes, afin de faciliter la circulation de l'air. On peut faire les panneaux de la porte qui doit être en avant, en tissus métalliques ou en treillage de fer. Le plancher de la cabane est en pente en arrière et percé de trous pour faciliter l'écoulement des urines, au moins doit-il y en avoir un rang au côté le plus bas du plancher. On pave avec soin un ruisseau qui a son écoulement dans une petite fosse à fumier qu'on établit en dehors du petit enclos.

Si on dirige la pente en avant, on pourra appuyer les cabanes contre le mur. Alors le ruisseau sera placé en avant, et dans tous les cas lavé de temps en temps pour assainir le clapier, car l'urine des lapins est infecte.

Chaque cabane doit avoir 0ᵐ 75 ou 1 mètre en carré, et être garnie d'un petit râtelier pour recevoir la nourriture, afin que les lapins ne la foulent pas aux pieds, car alors ils ne la mangent plus. Il faut aussi avoir de petites augettes mobiles en bois, longues et étroites et peu profondes, dans lesquelles on donne certains aliments aux lapins. On peut remplacer les augettes par des sébiles en bois. On fera deux cabanes plus grandes que les autres pour y mettre les jeunes lapins en commun lorsqu'on les élève, et avant qu'ils soient assez forts pour être mis en liberté dans la cour.

Si l'espace manquait, on pourrait faire un second rang de cabanes au-dessus des autres, en ayant soin qu'elles les dépassent un peu du côté où doivent s'écouler les urines, afin qu'elles n'incommodent pas les lapins placés au-dessous. Les cabanes seront garnies de litière et très-fréquemment nettoyées.

Si l'on ne peut pas faire construire des clapiers aussi bien disposés, il faut s'en rapprocher le plus possible et avoir des cases séparées pour les mères avec leurs petits, et un logement commun pour les lapins après le sevrage, et surtout tenir l'habitation parfaitement propre, à l'abri de l'humidité, aérée; et, comme je l'ai dit, mettre sous la litière une couche de marne. On enlève le fumier au moins une fois par semaine, deux fois valent mieux. On prend grand soin de ne pas déranger le nid des lapines lorsqu'on enlève la litière; à cet effet, il est très-convenable de lui faire un petit entourage de planches peu élevées qu'on assujétit avec

des piquets placés en terre. Lorsque les petits ont quitté
le nid, on enlève ce petit rempart pour nettoyer convenablement la place qu'occupait le nid.

§ 3. — *Choix d'une race.*

Il y a trois races principales de lapins. Le lapin gris qui
n'est autre chose que le lapin sauvage, auquel l'état
de domesticité a ajouté beaucoup de taille. Il y en a de
plus ou moins gros; cela tient tout simplement à ce que
depuis plus ou moins de temps ils ont été, de père en
fils, plus ou moins bien nourris. Il faut donc chercher
à se procurer des lapins déjà gros, afin de s'éviter la
peine d'améliorer la race, ce qui demande beaucoup
de temps, et s'ils sont bien nourris et bien soignés, ils
s'amélioreront encore, tandis que s'ils souffrent, vous
les verrez, au bout de cinq ou six générations, perdre
une grande partie de leur taille et de leur poids. Il y a
de grosses races de lapins dont le mâle, châtré, peut
peser jusqu'à 6 kilog. Mais je dois dire que quelquefois ces énormes bêtes sont peu fécondes, parce que,
sans doute, leur proportion a dépassé les conditions
naturelles. Une race de moyenne grosseur est donc
préférable.

Il y a une autre race de lapin appelé le lapin riche.
Son poil est plus fourni, plus long et de plus belle couleur que celui du lapin commun; il peut être aussi plus
ou moins gros, selon les soins qu'il reçoit; en général,
il est fort, sa peau peut être employée en pelleterie, et
a beaucoup plus de valeur que celle des lapins communs; il est aussi bon à manger, mais je le crois plus
délicat que le lapin commun; enfin il y a encore le
lapin angora, dont les poils longs, soyeux, ondoyants
et légèrement frisés, sont blancs, gris-perle, roux-clair

ou jaunes et fort abondants. Cette race peut se peigner deux fois par an, et leur dépouille a une valeur dans le commerce. Je crois ces lapins plus délicats que les autres, bien qu'ils leur cèdent peu en grosseur.

Il est résulté de ces trois races des lapins qui participent de toutes, sans appartenir à aucune : leur poil est varié de couleurs, et leur taille n'est ni petite ni grande. Ces espèces de métis sont en général assez féconds, vigoureux et faciles à élever. Leurs produits varient beaucoup de couleurs.

On doit mettre le plus grand soin dans le choix des mâles et des femelles destinés à la reproduction, et conserver ceux dont les formes paraissent le mieux en harmonie, plus encore que les plus gros. Il faut qu'ils soient vifs, gais, et, lorsqu'on veut les prendre, se débattent vigoureusement. Le mâle doit avoir le regard effronté ; cependant, il y en a qui sont si méchants qu'ils battent et tuent quelquefois les femelles qu'on leur donne à couvrir, de même qu'il y a des femelles qui détruisent leurs petits. On ne doit jamais conserver des animaux ayant ces caractères féroces. La douceur et la familiarité sont des qualités nécessaires aux animaux domestiques.

§ 4. *Multiplication, portée. Soins à donner aux mères et aux petits.*

Une lapine porte trente à trente et un jours, et peut être livrée au mâle à cinq ou six mois. Le mâle ou bouquin doit être tenu dans une case particulière ; sa nourriture doit être abondante et nourrissante ; de sa beauté et de sa vigueur dépend en partie la beauté de sa progéniture. On lui donne la femelle le soir et on la retire le matin, ordinairement une nuit suffit pour qu'elle soit pleine ; cependant il arrive quelquefois qu'elle ne l'est pas, parce qu'elle n'était pas disposée à recevoir le mâle. Si au bout de trois semaines on ne lui voit point prendre de l'embonpoint, et qu'en l'examinant on ne trouve pas ses petites mamelles un peu développées, c'est qu'elle n'est pas pleine. Il y a des femelles qui ont plus ou moins d'aptitude à la reproduction. On doit élaguer celles qui ne retiennent pas facilement, ou avortent, ce qui est fréquent. Lorsque la femelle est revenue du mâle, elle doit être bien nourrie, et un peu avant le part, il faut renouveler sa litière et lui en donner une abondante et bien sèche, et nettoyer parfaitement sa cabane.

Si on a plusieurs femelles, surtout un grand nombre, il faut mettre un numéro à leur cabane et inscrire sur un petit registre, destiné à cet usage, le jour qu'elle est allée au mâle : c'est le seul moyen de bien diriger son clapier. Sans ce soin, il y a confusion, et on peut remettre au mâle une lapine qui y est déjà allée, ce qui cause presque toujours un avortement ; de même qu'en ne sachant pas l'époque de son part, on peut négliger les soins qu'elle exige, et ignorer même qu'elle a des petits, car, si elle a abondance de litière, elle fera de grands efforts pour cacher son nid aux yeux de son ennemi né, l'homme.

Une lapine peut faire jusqu'à dix ou onze petits ; elle ne pourrait pas les nourrir suffisamment, et on n'aurait que de chétifs produits, dont une bonne partie périraient avant d'être adultes ; il faut donc visiter les petits trois ou quatre jours après leur naissance, ayant le soin de déranger le moins possible le nid, et n'en laisser que six, huit, si la lapine est jeune, vigoureuse et très-bien nourrie ; on choisit les plus beaux ; si la lapine est très-jeune ou un peu vieille, on ne lui en laissera que cinq ou six au plus. On peut la remettre au mâle au bout d'un mois à cinq semaines, parce qu'alors les petits mangent bien ; on les lui laisse encore huit jours et on les retire pour les mettre dans la case des plus jeunes lapereaux ; de cette façon, la mère a le temps de se remettre avant de faire son nid et la nouvelle portée, et elle n'est point dérangée par sa jeune famille qui la troublerait beaucoup. Quelques mères détruisent leurs petits ; il faut les supprimer si cet accident se reproduit, c'est un grand vice ; cependant, si c'était une bête à laquelle on tînt beaucoup, on pourrait peut-être la corriger en lui donnant une plus abondante et plus nutritive alimentation. Sans doute elle ne se trouve pas assez forte, ou n'a pas assez de lait pour sa progéniture ; mais si c'est un caractère féroce, la mort mérite la mort.

Un mâle peut suffire à quinze lapines s'il est bien nourri. Lorsqu'on ne veut élever des lapins que pour sa propre consommation, une ou deux lapines suffisent grandement, à moins qu'on ait un ménage très-nombreux. Car, en comptant six portées par an à six ou huit petits, cela fait par lapine trente-six à quarante-huit lapins, ce qui forme déjà une abondante provision.

Les lapins vivent huit à neuf ans ; mais il est très-préférable de les garder moins de temps, et je pense qu'on ne doit pas les garder au-delà de trois à quatre ans. Pour connaître leur âge, on peut chaque année mettre une petite marque sur le numéro de leur cabane, ou tout simplement y inscrire l'année de leur naissance.

Lorsque les lapins placés dans la cabane du sevrage sont assez forts pour aller dans la cour commune, il faut castrer les mâles, sans cela il y aurait un tapage

terrible, et les lapins n'engraisseraient pas : ils couvri-
raient les jeunes femelles, qui avorteraient, ou dont les
portées seraient ravagées par les mâles, ce qu'ils font
très-souvent, même à l'état sauvage. La lapine, à l'état
sauvage, emploie toute sa ruse pour cacher aux mâles
ses petits, parce qu'il les détruit très-souvent. L'opération de la castration est très-facile et semblable à celle
du verrat et du chat. Les lapins en souffrent fort peu.

§ 5. — *Nourriture.*

La nourriture du lapin influe sur son développement
et sur le goût de sa chair, aussi bien que la malpropreté, la petitesse et l'obscurité de la cabane. On est
toujours disposé à trouver un goût de choux aux lapins domestiques, mais c'est plutôt un goût de fumier
qu'ils contractent : le chou, lorsqu'il est alterné avec
d'autres aliments, ne leur donne point mauvais goût.

Durant l'été, on peut les nourrir avec une infinité
d'herbes des jardins et des champs ; la chicorée sauvage, cultivée à dessein pour eux, leur est salutaire ;
mais cependant il ne faut pas leur en donner en trop
grande quantité ; le persil, la pimprenelle, etc.; enfin,
si on avait un grand nombre de lapins, on observerait
quelles sont les herbes qu'ils mangent de préférence,
et on les cultiverait pour eux. La salade est trop
aqueuse, à moins que ce ne soit de la chicorée. Toutes
les prairies artificielles leur conviennent, ainsi que
les branches d'ormeau, d'acacia, de peuplier, de
noisetier, etc., etc., qu'ils mangent jusqu'à l'écorce.
Ils mangent bien les épis tendres et les feuilles de
maïs, et mangent le céleri avec grand plaisir. Les
croûtes de pain leur conviennent parfaitement ; ils les
préfèrent à tout. Il ne faut pas leur donner l'herbe

mouillée, elle leur est funeste. On leur donne au moins trois fois par jour à manger, et leurs repas du soir et du matin doivent être donnés à des heures réglées. Ils doivent *toujours avoir à boire de l'eau claire* dans une petite augette tenue bien propre.

On cite souvent le serpolet comme une nourriture parfaite pour les lapins. Je ne sais pas si les sauvages le mangent, mais ceux qui sont en clapier n'en veulent pas ou presque pas.

L'hiver on les nourrit avec des regains de prés naturels ou artificiels : ils aiment beaucoup le sainfoin et les racines de toutes espèces, comme carottes, betteraves, navets, panais, pommes de terre, topinambours, etc., etc.; on les coupe et on les mêle avec du son ; on peut aussi leur donner les trognons de choux dont ils mangent l'écorce ; c'est surtout dans cette saison qu'il ne faut pas négliger de leur donner à boire. Il convient aussi de varier leur nourriture, c'est même très-important pour la qualité de leur chair. On peut exciter l'appétit de ceux qui sont à l'engrais, en ajoutant un peu de son à leur provende.

On place sous la partie de l'appentis destiné à abriter les lapins qui habitent la cour, un petit ratelier double et mobile suspendu à hauteur convenable pour leur placer leurs fourrages, puis on suspend également une petite augette dans laquelle on donne les racines et le son. L'hiver on peut y faire une petite meule de fourrages variés et la placer sur quelques brins de fagots bien secs pour la préserver de l'humidité ; les lapins en mangent successivement la partie extérieure. Les lapins mangent presque tous les grains et principalement l'avoine et l'orge, et cette nourriture est excellente, mais trop coûteuse pour l'employer souvent ; cependant il faut en donner au mâle s'il a beaucoup

de femelles à servir, et aux femelles qui allaitent, surtout à la fin de l'allaitement. On peut aussi en donner
aux lapins à l'engrais, et je crois même que c'est un
bon moyen de les engraisser vite; comme il ne leur en
faut pas une grande quantité, on peut l'employer avec
avantage. Une petite ration d'avoine, chaque jour, ajoutée à l'herbe ou aux autres aliments, porte un grand
profit à la bête à l'engrais.

Lorsqu'on veut prendre un lapin, on examine et
l'on choisit celui qui paraît le plus gras ; on jette sur
lui, au moment où il mange, un petit filet ou une toile.

§ 6. — *Maladies.*

Il faut éviter de donner une grande quantité d'herbes
très-succulentes aux lapins, comme des choux, du céleri, des liserons, des laiterons, de la chicorée sauvage, des salsifis, etc. ; un grand nombre meurent
d'indigestion : il convient donc de varier leur nourriture. Ils sont souvent attaqués d'une maladie qui est
occasionnée par un amas d'eau dans la vessie, et qu'on
appelle communément *gros ventre.* C'est pour cela
qu'on a pensé qu'il ne fallait pas leur donner à boire,
ce qui est une erreur grossière. Lorsqu'on voit les lapins atteints de cette maladie, il faut les placer dans
une cabane séparée et les mettre à la nourriture sèche ;
leur donner seulement quelques herbes aromatiques
comme céleri, persil, fenouil, pimprenelle, etc., et leur
donner abondance de boisson qu'on peut animer avec
un peu de sel. Quelquefois aussi ils sont atteints d'une
maladie de peau et se couvrent d'une gale contagieuse.
Il faut sacrifier immédiatement ceux qu'on voit attaqués : ce mal est incurable et très-contagieux. Les
petits sont sujets à un mal d'yeux qui les attaque

pendant l'allaitement et les fait périr en peu de temps : il est dû aux exhalaisons du fumier en fermentation. Aussitôt qu'on s'en aperçoit, il faut les changer de cabane et les mettre sur une litière fraîche et sèche ; mais dans un clapier bien tenu, cette maladie très-commune est inconnue, et en général des lapins bien logés, tenus proprement dans une exposition chaude (ceci est essentiel), ne sont que fort rarement malades.

§ 7. — *Manière de tuer et de préparer les lapins.*

Lorsqu'on doit porter les lapins au marché, il faut bien les tuer comme on a coutume de le faire, en leur frappant avec la main sur les oreilles ; mais lorsqu'on doit les manger, il est très-préférable de les saigner sous le cou comme les volailles. On recueille le sang si le lapin est destiné à faire un civet. La chair du lapin saigné est plus blanche, plus ferme et de meilleur goût que celle du lapin *frappé*. Lorsque le lapin est dépouillé et vidé, si on veut parfumer sa chair, on remplit l'intérieur avec des herbes aromatiques pilées ou hachées et mêlées avec un peu de poivre et de sel, auquel on peut même ajouter un peu de beurre. On peut aussi une huitaine avant de le tuer, le nourrir avec les mêmes herbes telles que persil, céleri, estragon, pimprenelle, carottes ; au moyen de ces précautions, on donne à leur chair une saveur tellement semblable à celle des lapins de garenne, que les gourmets s'y méprennent.

§ 8. — *Produits.*

Les produits des lapins consistent dans leur chair, leur peau et leur fumier. Un beau lapin gras peut se vendre jusqu'à 1 fr. 50 cent., et à ce prix il y aurait avantage à en élever, car ils sont bons à vendre de six à huit mois. Mais leur débit n'est pas facile, et on ne vendrait pas un grand nombre de lapins à moins que ce ne fût près de Paris ou dans une grande ville ; cependant si on élevait de bons lapins, on finirait par le savoir dans la ville où on les mettrait en vente, et ils se vendraient ; mais il faudrait le faire connaître. Il y a aussi des pays où les lapins de clapier se vendent plus facilement que dans d'autres , parce qu'on est dans l'usage d'en manger. La nouvelle loi sur la chasse peut être aussi un obstacle à leur vente en temps prohibé. Cette loi n'est pas exécutée avec la même rigueur dans tous les départements ; mais dans ceux où elle est exécutée ponctuellement , la vente des lapins domestiques ne peut avoir lieu que durant le temps de la chasse. Si on voulait se livrer à l'élève du lapin, il faudrait donc préalablement se procurer auprès de l'autorité l'autorisation de la vente ; car le lapin donnant toute l'année, on pourrait se trouver encombré si on ne pouvait vendre que pendant un certain temps. Quant à l'avantage qu'il y a à en élever dans une maison particulière et nombreuse, il n'est pas douteux. La nourriture des lapins est peu coûteuse, et grandement payée par leur chair.

La peau des lapins a perdu une grande partie de sa valeur par l'emploi de la soie à la fabrication des chapeaux. Avant cette invention, le poil du lapin était employé à la fabrication de chapeaux communs. Cette fabrication est très-restreinte, et les peaux ont perdu presque toute leur valeur. Quant au poil qu'on recueille sur les lapins angora, il peut avoir une certaine valeur ; je ne la connais pas , mais il faudrait un grand nombre de lapins pour en produire seulement deux ou trois kilogrammes. Les lapins angora se vendraient moins bien au marché que les lapins communs.

Le fumier de lapin est de très-bonne qualité et très-abondant relativement à la quantité de nourriture qu'ils consomment. On ne doit donc pas ménager la litière à ces doux animaux auxquels elle est si nécessaire, et qu'on en laisse presque toujours manquer : ce qui nuit considérablement à leur développement, à leur santé et au bon goût de leur chair.

§ 9. — *Garennes forcées.*

On appelle garenne forcée un enclos placé dans un lieu convenable et qu'on peuple de lapins. On choisit de préférence un terrain inégal, même montueux et exposé au midi ou au levant. Il est indispensable que la terre ait assez de pente pour que l'eau ne séjourne pas dans la garenne ; le sous-sol ne doit pas être argileux et compacte, ou composé de roches que les lapins ne pourraient percer ; les côtes sablonneuses ou calcaires conviennent le mieux. Une terre très-fertile ne conviendrait pas pour une garenne forcée. Les lapins y trouveraient des herbages trop succulents, et ils ressembleraient tout-à-fait aux lapins de clapier. Il ne faut pas non plus que le terrain soit composé d'un sable trop mouvant, parce que les lapins ne pourraient pas y faire de terriers solides, et que d'ailleurs la végétation serait nulle. Il est donc important de sonder le terrain avant de se décider à faire les frais d'une garenne forcée. Il est aussi indispensable que les lapins aient dans leur garenne un petit cours d'eau ou une marre alimentée par les eaux pluviales, ce qui est facile au bas d'une pente.

Le plus difficile et le plus dispendieux de cet établissement , est la clôture de la garenne ; elle peut consister d'un ou de deux côtés en fosses tenues pleines d'eau ; mais des autres il faut nécessairement des murs, puisque nous avons dit qu'il fallait un terrain en pente. Il faut que ces murs aient environ 2 mètres de hauteur, et que leur fondation pénètre jusqu'à 1 mètre et plus dans le sol ; et encore, si le sous-sol n'est pas dur, on sera exposé à perdre des lapins.

Pour peupler une garenne, on peut y mettre des lapins pris au filet au moyen des furêts, ou même des lapins domestiques qui prennent bientôt les habitudes sauvages : un mâle suffit à trente femelles. On pourrait aussi y lâcher les lapins de clapier lorsqu'il y a une quinzaine de jours qu'ils sont sevrés.

Si la garenne n'est pas plantée, il faudra y faire des plantations un ou deux ans à l'avance, et choisir des arbres dont les lapins mangent les feuilles et les fruits, comme les poiriers et pommiers sauvages, les pruniers, les cormiers, les cornouillers, les ormes, les châtaigniers, les genevriers, les hêtres, etc., et on favoriserait la végétation des herbes qui couvrent le sol en les fumant avec un fumier bien consommé un an avant de faire habiter la garenne ; malgré tous ces soins, comme les lapins seront toujours surabondants dans une garenne, il faudra donner une nourriture supplémentaire aux lapins, surtout pendant l'hiver et les temps de neige. Elle se composera des mêmes plantes que celles des lapins domestiques. On pourrait même construire un petit toit sous lequel on déposerait la nourriture où elle serait à l'abri du soleil et de la pluie. C'est surtout dans une garenne qu'on peut faire de petites meules, comme je l'ai indiqué ci-dessus.

Il faut s'abstenir de tirer au fusil les lapins de la garenne forcée, cela mettrait un tel trouble dans cette petite république que le bien général en souffrirait; il ne faut pas non plus employer le furêt qui trouble les portées. On prend les lapins au panneau: lorsqu'on les a tendus, on bat la garenne en chassant les lapins du côté du piége où ils se prennent.

On doit toujours détruire le plus de mâles possible dans une garenne, parce qu'ils font souvent la guerre aux femelles et à leurs petits quand ils sont surabondants, ce qui arrive toujours.

On doit proportionner le nombre des lapins à la grandeur de la garenne. Si on la laissait se trop peupler, les lapins s'entre-tueraient et manqueraient de nourriture, à moins qu'on y subvienne abondamment; mais dans tous les cas, ils contracteraient les maladies des lapins de clapier et mourraient en masse.

Les lapins de garenne forcée valent mieux que ceux de clapier, mais ne valent pas les sauvages.

CHAPTRE XIII.

Préparation de la chair des animaux morts pour la nourriture des oiseaux de basse-cour.

Pour compléter cet ouvrage je veux donner, comme je l'ai promis, le moyen d'employer les animaux morts de maladies non contagieuses ou d'accidents, à l'alimentation des oiseaux de basse-cour qui en sont très-avides. Il arrive trop souvent qu'on perd des animaux soit par accident, soit par une épizootie; après les avoir dépouillés on les enterre sans profit, ou on les laisse dévorer soit par les chiens, soit par les animaux carnassiers. Voici comment on procédera pour les préparer et les employer.

Aussitôt que l'animal est dépouillé, ce qu'il faut

toujours faire aussitôt après sa mort, on enlève la chair sur toutes les parties qui en sont garnies, et on la met dans un chaudron de grandeur proportionnée à la quantité. On met de l'eau sur cette chair et on place le chaudron sur un bon feu. On fait bouillir et on entretient une quantité d'eau suffisante, parce qu'elle s'évapore par l'ébullition jusqu'à ce que la chair soit bien cuite. Alors on la dépose sur une table ou sur des planches à l'abri des animaux carnassiers, et on la laisse refroidir. Après quoi on la coupe en très-petits morceaux, qu'on place sur des claies en osier dans un four après que le pain en est retiré. Lorsque le four est presque froid, on retire les claies, et si la chair n'est pas suffisamment sèche pour être serrée dans des boîtes ou une vieille futaille, on fait réchauffer un peu le four et on l'y place de nouveau jusqu'à ce qu'elle soit tout-à-fait sèche et dure. Dans cet état, placée dans un lieu sec et à l'abri des souris et des rats, elle se conserve très-bien. On la distribue aux volailles qui en sont très-avides, et auxquelles cette alimentation ajoutée à d'autres, de nature différente, convient parfaitement.

CONCLUSION.

Ici se termine ce que j'avais à dire sur les oiseaux de basse-cour et les lapins domestiques. Je pense avoir donné à la rédaction de cet ouvrage une couleur nouvelle qui ajoutera au mérite des éditions précédentes, qui n'avaient point considéré ces questions comme des questions d'*économie agricole*. Aujourd'hui que l'agriculture est dans toutes les bouches et que les classes élevées de la société y appliquent leurs lumières et leurs capitaux, les ouvrages qui traitent les matières qui s'y rattachent doivent les envisager sous un point de vue différent de celui qui occupait les personnes qui se procuraient ces ouvrages précédemment, et qui ne les achetaient que pour savoir comment élever tel ou tel animal, plutôt comme amusement que pour savoir quel produit *net* elles pouvaient en retirer.

Une vieille expérience-pratique, jointe à celle que j'ai trouvée dans l'édition qui précède celle-ci, et à celle d'autres personnes et d'autres ouvrages que j'ai consultés, ont été mon guide. Je puis bien n'avoir pas dit tout ce qu'il y avait à dire sur cet intéressant sujet, mais je suis convaincu que l'on peut se fier à ce que j'ai dit, sans crainte de commettre des erreurs ou de s'engager dans des dépenses infructueuses.

FIN.

TABLE DES MATIÈRES.

		Pages
INTRODUCTION		1
CHAPITRE Ier. Des pigeons		7
SECTION Ire. Des pigeons de colombier, fuyards ou bizets		8
§ 1er. Colombier		11
§ 2. Ustensiles		17
§ 3. Soins à donner au colombier		20
§ 4. Manière de peupler un colombier		24
§ 5. Nourriture		26
§ 6. Ponte et incubation		27
SECTION II. Des pigeons de volière		29
§ 1er. De la volière		31
§ 2. Engraissement des pigeonnaux		35
§ 3. Maladies		36
§ 4. Produits		39
CHAPITRE II. De la poule et du coq		41
§ 1er. Choix des poules et du coq		41
§ 2. Considérations sur l'éducation des poules		49
§ 3. Poulailler		51
§ 4. Nourriture		55
§ 5. Ponte		60

§ 6.   Incubation ou couvée   65
§ 7.   Incubation et mères artificielles   75
§ 8.   Soins à donner aux poussins   82
§ 9.   Chapons et poulardes   86
§ 10. Engraissement des volailles.   92
§ 11. Mode d'engraissement des poulardes à
          la Flèche et au Mans.   103
     1. Choix des poules   103
     2. Forme des cages   104
     3. Salubrité et obscurité des cages. . . .   105
     4. Nourriture   105
     5. Empâtement   106
     6. Manière de faire des pâtons   106
     7. Manière de tuer les poulardes   107
§ 12. Conservation des œufs   108
§ 13. Maladies des poules.   110
§ 14. Soins genéraux à donner aux poules.   113
Chapitre III. Du dindon et de la dinde   116
§ 1er. De la poule-dinde   119
§ 2.   Incubation   121
§ 3.   Dindonneaux   124
§ 4.   Soins et nourriture   126
§ 5.   Engraissement   129
§ 6.   Des maladies des dindons   135
Chapitre IV. De l'Oie   137
§ 1er. Soins à donner aux oies et à leurs
          oisons.   142
§ 2.   Manière de plumer les oies.   146
§ 3.   Engraissement   148
§ 4.   Maladies   152
Chapitre V. Du canard.   153
Chapitre VI. De la pintade   163
Chapitre VII. Du faisan.   165

Chapitre VIII. De la perdrix rouge et grise . . .   170
Chapitre IX.   De la caille   172
Chapitre X.   Du paon   172
Chapitre XI.   Du cygne   174
Chapitre XII. Du lapin   177
    § 1er. Du lapin domestique   178
    § 2.   Disposition du clapier   179
    § 3.   Choix d'une race   182
    § 4.   Multiplication, portée. Soins à donner
           aux mères et aux petits   183
    § 5.   Nourriture   186
    § 6.   Maladies   188
    § 7.   Manière de tuer et de préparer les
           lapins   189
    § 8.   Produits   189
    § 9.   Garennes forcées   191
Chapitre XIII. Préparation de la chair des animaux
           morts pour la nourriture des oiseaux
           de basse-cour   193
Conclusion   194

FIN DE LA TABLE.

CATALOGUE

DE LA

LIBRAIRIE AGRICOLE

DE LA MAISON RUSTIQUE

DUSACQ, rue Jacob, n° 26, à Paris.

———— ◇ ————

I. — AGRICULTURE.

***Abeilles** (*Manuel de l'éducateur d'*); par Auguste de Frarière. 1 vol. in-12 avec 20 gravures. 3 50

***Agenda de comptabilité agricole,** ou Registre comptable, à l'aide duquel les propriétaires et cultivateurs peuvent connaître journellement leur dépense et leur recette, par Joubert. In-4, avec instruction in-12. . . . . 3 »

***Agriculteur commençant** (*Manuel de l'*); par Schwerz, traduit par Villeroy; 3ᵉ édition. 1 volume in-12. Forme le tome Iᵉʳ de la *Bibliothèque du Cultivateur.* . . . . » 75

'Agriculture allemande (*L'*), ses écoles, son organisation, ses mœurs et ses pratiques les plus récentes; par Royer, inspecteur général de l'agriculture. 1 volume grand in-8. . . . . 7 50

***Agriculture** (*Cours d'*); par de Gasparin, membre de l'Institut, ancien ministre de d'Agriculture. T. I, II, III et IV in-8, avec 226 gravures. 30 »

Agriculture (*Cours d'*) *théorique et pratique,* suivi d'une Notice sur les chaulages de la Mayenne; par E. Jamet. In-12. . . 3 »

Agriculture (*Eléments d'*), leçons d'agriculture appliquées au département d'Ille-et-Vilaine; par Bodin, directeur de l'école d'agriculture de Rennes. 1 volume in-12, deuxième édition. . 1 60

Agriculture française, par les Inspecteurs généraux de l'Agriculture; publiée par ordre du Ministre de l'agriculture et du commerce. Départements publiés : Aube, Aude, Côtes-du-Nord, Haute-Garonne, Isère, Nord, Hautes-Pyrénées, Tarn. Chaque volume séparé. . . . . 5 »

Agriculture (*Manuel populaire d'*); par Schlipff, traduit par Nicklès. 1 volume in-8. . . . . 4 »

Agriculture pratique (*Cours complet d'*); par Burger, Rholwes et Ruffing, traduit de l'allemand par Noirot; augmenté d'un Traité de la culture des mûriers et de l'éducation des vers à soie, par Bonafous. In-4, figures. . . . . 10 »

Agriculture (*Petit Traité élémentaire d'*); par Berthereau de la
   Giraudière. 1 volume in-18.   1   »

*__Algérie__ (*Colonisation et Agriculture de l'*); par Moll, professeur
   d'agriculture au Conservatoire des Arts et Métiers. 2 volumes in-8,
   avec 110 gravures. 12   »

*__Almanach du cultivateur et du vigneron__ (1850); par les
   Rédacteurs de la *Maison rustique*, septième année. . . . » 75
Les années 1844 à 1849, chacune. . . . . » 75
Par la poste..   1   »

*__Amendements__ (*Traité des*); première partie, *de la Marne*;
   deuxième partie, *de la Chaux*; par Puvis, membre correspondant
   de l'Institut, président de la société d'émulation de l'Ain. 2 volumes
   in-12. . . . .   3 50

__Ampélographie universelle__, *Traité des cépages* les plus estimés
   dans tous les vignobles de quelque renom; par Odart, deuxième
   édition. 1 vol. in-8 de 500 pages. 7 50

*__Animaux__ (*Statique chimique des*), appliquée spécialement à la
   question de l'emploi du SEL; par Barral, ancien élève et répétiteur
   de l'Ecole polytechnique. 1 volume in-12.   5   »

*__Animaux domestiques__ (*Cours de multiplication et de perfec-
   tionnement des principaux*), où l'on traite de leurs services et de
   leurs produits; par Grognier. Troisième édition, revue par Magne.
   1 volume in-8 de 750 pages. 7 50

__Annales agricoles de Roville__; par Mathieu de Dombasle. 9
   volumes in-8. . . . . 61 50

*__Auxiliaire général__, *Registre pour la Comptabilité agricole*.
   La main de 24 feuilles in-folio réglées. 2 50
   La main de 24 feuilles in-4 réglées. 1 25

*__Bestiaux__ *en Allemagne, en Belgique et en Suisse* (*État de la pro-
   duction des*); par Moll. In-4, avec tableaux. 2 75

*__Bêtes à cornes__ (*Manuel de l'éleveur de*); par Villeroy, deuxième
   édition. 1 volume in-12 de 420 pages avec 42 gravures. Forme le
   tome II de la *Bibliothèque du Cultivateur*. . . . . . . » 75

*__Biens-fonds__ (*Manuel de l'estimateur de*); par Noirot. 1 volume
   in-12. . . . .   3 50

*__Biens ruraux affermés__ (*Guide des Propriétaires de*); par de
   Gasparin, de l'académie des sciences. 1 volume in-8. . .   7 50

*__Biens soumis au métayage__ (*Guide des Propriétaires de*), *et
   Culture de la Garance, du Safran et de l'Olivier*; par de Gasparin, de l'académie des sciences. 1 volume in-8. . . . .   7 50

*__Bière__ (*Traité théorique et pratique de la fabrication de la*); par
   F. Robart, chimiste manufacturier, ancien brasseur. 2 vol. in-8,
   avec 120 dessins dans le texte et un projet de brasserie-modèle
   gravé sur pierre. 15   »

__Bois__ (*Culture et exploitation des*); par J.-B. Thomas. 2 volumes
   in-8. 15   »

*__Cadran du cultivateur__ *et de l'Élève d'animaux domestiques*,
   au moyen duquel on peut se rendre compte immédiatement de l'é-
   poque de l'incubation chez les oiseaux domestiques et de la gestation
   des principales femelles domestiques, indiquant la connaissance de

l'âge des animaux, le système Guénon, etc. Une feuille in-plano collée sur carton avec 23 gravures. 1 75

***Caisse d'épargne et de prévoyance** (*La*), Lettres à un jeune laboureur, par Louis Leclerc, troisième édition. In-12. . . » 25

Calendrier du bon Cultivateur; par Mathieu de Dombasle. Huitième édition, 1 volume in-12. . . . . 4 50

***Chaux** (*La*), son emploi en agriculture; par Piérard. Brochure in-18. . . . . » 50

Cheval (*De la conformation du*) suivant les lois de la physiologie et de la mécanique. — Haras, courses, types reproducteurs, etc.; par A. Richard, représentant du peuple, directeur de l'école des haras, etc. 1 volume in-8 avec planches. . . . . 8 »

***Chimie agricole** (*Précis élémentaire de*); par le docteur F. Sacc, professeur à la faculté des sciences de Neufchâtel en Suisse. 1 vol. in-12. . . . . 3 50

***Comices** (*Guide des*) **et des propriétaires,** par maître Jacques Bujault, laboureur à Chaloue (Deux-Sèvres). Nouvelle édition, in-12. » 25

***Comptabilité agricole** (*Traité de*), contenant : 1° l'exposition de la théorie des parties doubles, avec modèle du journal et du grand-livre; 2° l'application de cette méthode à l'industrie agricole, avec journal et grand-livre; 3° les modèles et explications des tableaux à ouvrir sur l'auxiliaire général, seul registre auxiliaire de la comptabilité agricole; par Edmond de Grange. 1 vol. in-8. 5 »

***Comptabilité agricole** (*Petit Traité de*) en *partie simple*; par Edmond de Grange. 1 vol. in-8. . . . . 1 75

******Auxiliaire général*, registre pour la comptabilité agricole. La main de 24 feuilles in-folio réglées. 2 50
La main de 24 feuilles in-4 réglées. 1 25

***Congrès central d'agriculture.** Compte-rendu et procès-verbaux des séances, publiés par la commission administrative du Congrès, in-8.

Première session, 1844.... 3 50	Quatrième session, 1847 ... 2 »
Deuxième session, 1845... 3 50	Cinquième session, 1848.... 2 »
Troisième session, 1846.... 3 50	Sixième session, 1849....... 2 »

Congrès des agriculteurs du nord de la France, session tenue à Saint-Quentin. 1 volume in-8. . . . . 3 50

***Conseils aux agriculteurs,** suivis de rapports sur la *Question viticole;* par Dezeimeris, troisième édition. 1 vol. in-12.. 1 75
Par la poste. 2 20

***Cours d'agriculture;** par de Gasparin, de l'Académie des sciences, ancien ministre de l'Agriculture, tomes I, II, III et IV, in-8, avec 226 gravures.. . . . . 30 »

Courses (*Des*) considérées comme moyen de perfectionner le cheval de service et de guerre; par Richard, in-12. . . . . . » 50

***Crédit agricole** (*Lettre sur le*); par Langlois, avocat. . . » 50

***Crédit foncier** (*Des Institutions de*) en Allemagne et en Belgique; par Royer, inspecteur général de l'agriculture. 1 volume grand in-8. 7 50

Drainage (*De l'Assainissement des terres et du*) ; par Jules Nor-
ville, cultivateur à Charmes (Vosges). In-12 de 104 pages, . 1 25

Drainage (*Philosophie et art du*) ; par Thackeray. In-8 de 96 pages.
2 50

Draineur (*Guide du*), Traité pratique sur l'assèchement des terres ;
par Stephens ; traduit par A. Faure, ingénieur civil. 1 volume in-8,
avec gravures.. . . . . 6 »

*****Échalas** (*Plus d'*). *Echalas, paisseaux et lattes (Médoc) remplacés
par des lignes de fil de fer mobiles*, établies au printemps et enlevées à
l'automne ; par André Michaux, membre correspondant de l'Institut. In 8, avec planches. . . . . » 40

Endiguement des cours d'eau (*De l'*), par Puvis. In-8 de 96
pages. 1 50

Enseignement de l'agriculture (*Guide de l'*), considérée
comme profession et envisagée dans son ensemble ; par Thaer, traduit par Sarrazin. 1 volume in-12. . . . . 2 50

Épizooties contagieuses (*Mesures proposées par la Société d'A-
griculture de l'Ain contre les*) ; par Puvis. Brochure in-8. » 75

*****Étangs** (*Manuel du Propriétaire d'*) ; par Puvis. In-8. . . 3 50

*****Garance** (*Mémoire sur la culture de la*) ; par de Gasparin. In-8 de
132 pages.. . . . . 1 75

*****Grêle** (*De la*) et des moyens d'en combattre les effets, par Later-
rade, deuxième édition, in-8. . . . . 1 25

Guano (*Histoire, analyses et effets du*) ; par de Monnière. Brochure
in-8. . . . . 1 50

*****Guide des Cultivateurs** (*Le véritable*), ou Vie agricole de Jacques
Gouyez, dit le Paysan philosophe, avec des Notes ; par Dezeimeris,
deuxième édition. 1 volume in-18. . . . . 1 75
Par la poste. 2 20

Hygiène vétérinaire appliquée (*Traité d'*), Études des règles
d'après lesquelles il faut diriger le choix, le perfectionnement, la
multiplication, l'élevage, l'éducation du cheval, de l'âne, du bœuf,
du mouton, de la chèvre, du porc, etc.; par Magne, professeur à
l'école d'Alfort. 2 volumes in-8. . . . . 14 »

Importance (*De l'*) et de la nécessité des semis pour l'amélioration
et le renouvellement des variétés cultivées ; par Puvis. Brochure
in-8 de 48 pages. . . . . 1 »

Irrigations (*Traité théorique et pratique des*) envisagées sous les
divers points de vue de la production agricole, de la science hydraulique et de la législation ; par Nadault de Buffon, ingénieur en chef
chargé du service des irrigations, dessèchements, et membre de la
Société centrale d'agriculture. 3 volumes in-8, et atlas de 26 pl.
in-4. . . . . 39 »

*****Irrigation des prés des Vosges** (*De la méthode d'*) ; par
Puvis. Brochure in-8 de 32 pages. . . . . » 75

*****Irrigations en Italie** (*Pratique et législation des*) ; par Mauny
de Mornay, chef de la division de l'agriculture au ministère du
commerce. 1 vol. in 8. . . . . 3 50

Irrigations (*Des dispositions légales nécessaires pour faciliter les*);
par Puvis. Brochure de 28 pages in-8. . . . . » 75

Journal d'Agriculture pratique et de Jardinage, publié par les rédacteurs de la *Maison rustique du XIXe siècle*, paraît le 5 et le 20 de chaque mois en une brochure de 30 pages in-4, et contient les gravures nécessaires à l'intelligence du texte. Il rend compte de tous les instruments, expériences, publications, qui intéressent l'agriculture et le jardinage ; seul entre tous les journaux du même genre, il indique tous les mois les travaux à exécuter dans le jardin et dans la ferme, et publie trois Chroniques, Agricole, Horticole et Séricicole du plus haut intérêt pour les cultivateurs et les propriétaires. — *Tous les articles sont signés.*
Prix de l'abonnement, par année (*franco*). . . . . 12 »

Lapin domestique (*Traité pratique de l'éducation du*) d'après la méthode de la Trappe ; par J.-M. Espanet, religieux-trappiste. 1 vol. in-18. . . . . 1 50
Par la poste. 1 90

Lapins (*Nouveau Traité pratique de l'éducation des diverses espèces de*) ; par Ségouin. 1 volume in-12. . . . . » 80
Par la porte. 1 20

Maïs (*De la culture du*) ; par Le Lieur, de Ville-sur-Arce, ancien administrateur des jardins et pépinières de la couronne. In-12 de 60 pages . . . . » 75

Maison rustique du XIXe siècle, 5 vol. in-4, équivalant à 25 vol. in 8 ordinaires, avec plus de 2,500 gravures représentant tous les instruments, machines, appareils, races d'animaux, arbres, arbustes et plantes, serres, bâtiments ruraux, etc. ; publiés, sous la direction de MM. Bailly, Bixio et Malpeyre, par MM. Audouin, Bonafous, Héricart de Thury, Huzard, Payen, Puvis, Sylvestre, Tessier, de la section d'agriculture de l'Académie des sciences ; Dailly, Debonnaire de Gif, Huerne de Pommeuse, Saint-Hilaire, Loiseleur, Michaud, Poiteau, Pommier, Soulange-Bodin, Vilmorin, de la Société centrale d'agriculture de Paris ; Bouley, Renault, Yvart, professeurs à l'école vétérinaire d'Alfort ; Grognier, professeur à l'école vétérinaire de Lyon ; Noirot frères, de Dijon ; Antoine, professeur à la ferme de Roville ; Bella, directeur de l'institut agricole de Grignon ; Leclerc-Thouin et Moll, professeurs d'agriculture au Conservatoire des arts et métiers ; Ysabeau ; de Rambuteau ; de Gasparin, membre de l'Institut, ancien ministre de l'agriculture et de l'intérieur.

Le cinquième et dernier volume vient de paraître ; il traite de tout ce qui concerne le jardinage, et renferme 500 gravures. — Il n'y a pas d'agriculteur éclairé, pas de propriétaire qui ne consulte assidûment la *Maison rustique du XIXe siècle* ; ce livre, expression la plus complète de la science agricole pour l'époque actuelle, forme à lui seul la bibliothèque de l'homme des champs. — *Tous les articles sont signés.*
Les cinq volumes (ouvrage complet). 39 50
Chaque volume, pris séparément. . . . . 9 »

Mémoires de Cincinnatus Fenouillet, *à la poursuite du progrès agricole* ; par de Travanet. 1 vol. in-12. . . . . 3 »

Mûriers (*Manuel du cultivateur de*) ; par Charrel. 1 volume in-8.
                                                           3 50

Mûrier. Comment on peut le cultiver avec succès dans le centre de la France ; par de Chavannes de la Giraudière. 1 volume in-8, avec planches. 1 75

Œuvres de Jacques Bujault, laboureur à Chalouc, près Melle, recueillies et précédées d'une Introduction, par Jules Rieffel. 1 vol. in-8, illustré de 34 sujets gravés sur bois. 7 50

Œuvres diverses; par Mathieu de Dombasle. 1 vol. . . . 8 »

***Oiseaux de basse-cour** (*Traité des*), ouvrage complétant le Traité de l'éducation des animaux domestiques. 1 vol. in-12, avec gravures. 1 75

***Olivier** (*Mémoire sur la culture de l'*); par de Gasparin. In-8 de 114 pages. 1 75

Paysans (*Les*), ou *la Politique et l'Agriculture.* Ouvrage couronné au concours ouvert par M. de Cormenin devant la Société d'économie charitable; par Alix Sauzeau, membre du congrès central d'agriculture, etc. 1 volume in-8. . . . . 3 50

***Physiologie de la terre,** *Études géologiques et agricoles;* par de Travanet. 1 vol. in-8. . . . . 7 50

***Plantes utiles** (*Répertoire des*) et *vénéneuses du Globe;* par Duchesne. 1 volume in-8 à deux colonnes. . . . . . . 12 »

***Police rurale** (*Manuel de*), ouvrage utile aux fonctionnaires publics et aux propriétaires; par Félix Thiroux, troisième édition. 1 v. in-18. . . . . 2 »

***Pommes de terre** (*Maladie des*); par Decaisne, membre de l'Académie des sciences, professeur de culture au Jardin des Plantes. 1 volume in-8. . . . . 2 50

Prairies artificielles (*Petit Traité pratique des*), pour pâturage en vert; par Robert Parent, ancien laboureur. In-8. . . . 1 »

***Prairies naturelles et artificielles de la France** (*Flore des*), ou *Traité des plantes fourragères,* contenant la description, les usages et qualités de toutes les plantes herbacées ou ligneuses qui peuvent servir à la nourriture des animaux, et des détails relatifs à leur culture, à la création et à l'entretien des prairies permanentes ou temporaires; par Lecoq, professeur d'histoire naturelle à Clermond-Ferrand. 1 vol. in-8 de 600 pages. . . . . . 7 »

Propriétaire architecte (*Le*), contenant des modèles de maisons de ville et de campagne, de remises, écuries, orangeries, serres, etc., ainsi qu'un traité d'architecture; par Urbain Vitry, avec 100 grav., par Hibon. 2 volumes in-4. . . . . 20 »

Race de Durham (*De la race courte corne améliorée,* dite); par Lefebvre Sainte-Marie, inspecteur général de l'agriculture. Ouvrage publié par ordre du ministre de l'agriculture et du commerce. 1 vol. grand in-8 et atlas in-folio de 15 planches. *Figures noires,* 15 fr. — *Figures coloriées.* 22 50

***Rudiment agricole** *universel par demandes et par réponses,* par de Travanet. 1 vol. in-12. . . . . 2 »

***Safran** (*Mémoire sur la culture du*) aux environs d'Orange; par de Gasparin. In-8 de 36 pages. . . . . » 50

Semailles à la volée (*Pratique des*); par Pichat, professeur à Grignon, 2 édition. 1 vol in-8. . . . . 2 *

Statistique agricole de la France (*Notes économiques sur la*), par Royer, inspecteur général de l'agriculture. 1 vol. in-8, avec atlas in-folio. . . . . 12 »

***Statistique agricole de la France** (*Tableau synoptique de la*), résumant l'importance relative de chacun de ses 86 départements (d'après les documents officiels présentés aux Chambres); par de Valmont et Block. In-plano. . . . . 1 »

Subsistances (*Question des*). Mémoire qui a obtenu la médaille d'or de M. de Cormenin; par L. Marchal, ingénieur des ponts et chaussées. Avec une préface de M. de Cormenin. 1 vol. in-12. . 3 »

Taupier (*L'Art du*), ou Méthode amusante et infaillible de prendre les taupes; par Dralet. Quinzième édition, in-12, fig. . . 1 »

Tubercules (*Notice sur les*) proposés pour remplacer la pomme de terre; par F.-V. Mérat. In-12.. . . . . » 50

Vache laitière (*Traité spécial de la*), indiquant les meilleures races à lait françaises et étrangères, les moyens de faire un bon choix par l'ancienne méthode et par le *système Guénon modifié*, etc.; par E. Collot, propriétaire agriculteur. 1 vol. in-12 avec planches. 5 »

Vaches laitières (*Choix des*). Description de tous les signes à l'aide desquels on peut apprécier les qualités lactifères des vaches; par J.-H. Magne, professeur à l'école d'Alfort. 1 volume in-12 avec fig. 2 »

Veillées villageoises. *Entretiens sur l'agriculture moderne;* par Neveu-Derotrie. 1 vol. in-16. . . . . 1 25

*Vers à soie** (*Manuel de l'Éducateur de*); par Robinet, de la Société centrale d'agriculture, professeur du cours sur l'industrie de la soie. 1 volume in-8, avec 51 gravures. . . . . . . 5 »

Vigne (*Culture de la*) et de la fabrication du vin; par Puvis. 1 vol. in-8 de 318 pages.. . . . . 3 50

*Vigneron** (*Manuel du*), Exposé des diverses méthodes de cultiver la vigne et de faire le vin; par Odart. 1 vol. in-12. . , . 3 50

*Vignes à raisins précoces** (*Essai sur la culture des*) et sur les avantages qu'on peut en tirer; par Loiseleur-Deslongchamps. 1 vol. in-12 de 100 pages. 1 25

*Voyages agronomiques en France;** par Lullin de Châteauvieux. 2 vol. in-8. . . . . 12 »

II. — HORTICULTURE. — BOTANIQUE.

*Bon Jardinier** (*Le*), pour 1850, contenant les principes généraux de la culture, l'indication, mois par mois, des travaux à faire dans les jardins; la description, l'histoire et la culture de toutes les plantes potagères, fourragères, économiques ou employées dans les arts; des céréales; des arbres fruitiers; des oignons et plantes à fleurs; des arbres, arbrisseaux et arbustes utiles ou d'agrément; suivi d'un Vocabulaire des termes de jardinage et de botanique; d'un jardin des plantes médicinales; d'un Tableau des végétaux groupés d'après la place qu'ils doivent occuper dans les parterres, bosquets, etc.; par Poiteau, Vilmorin, Decaisne, Daudin, Neumann, Pépin. 51e édition. 1 vol. in-12 de 1,500 pages. - . . . 7 »

*Bon Jardinier** (*Figures pour l'Almanach du*), contenant : 1º principes de botanique; 2º principes de jardinage, manière de marcotter, greffer, disposer et former les arbres fruitiers; 3º construction et chauffage des serres ; 4º composition et ornement des jardins ; 5º hydroplasie ; 6º Instruments et outils de jardinage ; par Decaisne, membre de l'Institut, professeur de culture au Jardin des Plantes, et Hérincq, aide de botanique au Jardin des Plantes. Seizième édition, entièrement refaite, ornée de 600 gravures sur bois et 45 planches gravées. 1 vol. in-12 7   »

Acacia (*Voir Camellia*).

***Almanach du Jardinier** (1850) ; par les Rédacteurs de la *Maison rustique du XIXᵉ siècle*. Septième année. In-16 de 200 pages, avec gravures. . . . . » 75

Les années 1844, 1845 sont épuisées. Il reste quelques exemplaires des années 1846, 1847, 1848 et 1849. Chaque. . . . . » 75
Par la poste. 1   »

***Almanach horticole** pour 1844, 1845, 1846, 1847 et 1848 ; par Victor Paquet. 5 volumes in-12, avec gravures. Chaque. . » 75
Par la poste. 1   »

Andromeda (Voir *Plantes de terre de bruyère*).

Arboriculture (*Cours pratique d'*), contenant les parties ou organes qui constituent un arbre fruitier, les connaissances relatives à leur choix, les soins à donner à leur plantation, la manière de les tailler et de les conduire ; par Gaudry. 1 vol. in-12, 2ᵉ édition.   2 25

Arbres fruitiers (*De la taille des*), de leur mise à fruit et de la marche de la végétation ; par Suvis, membre correspondant de l'académie des sciences. 1 volume in-12. . . . . 3 50

***Arbres fruitiers** (*Traité de la maladie des*) et des moyens de les prévenir et de les guérir ; par Ferdinand Rubens, professeur d'arboriculture et directeur de la Société d'économie rurale de la Prusse rhénane ; traduit de l'allemand et augmenté d'observations, par A. Mall, professeur à l'école d'application de l'artillerie et du génie de Metz. 1 vol. in-12.. . . . . 1 25

***Arbres fruitiers** (*Culture des*) ; par Bravy, horticulteur, secrétaire de la Société d'horticulture de Clermond-Ferraud. Seconde édition. In-12. . . . . » 75

***Asperge** (*Traité complet de la culture naturelle et artificielle de l'*), par Loisel. 1 volume in-12.. . . . . 1 50

Asperges (*Instruction pratique sur la plantation des*) ; par Bossin, grainier-pépiniériste. In-8 à deux colonnes.. . . . . . » 25

Auricule (Voir *Pensée*).

Azalea (Voir *Camellia* et *Plantes de terre de bruyère*).

***Botanique** (*Leçons de*), comprenant la morphologie végétale, la terminologie, la botanique comparée, l'examen des caractères dans les diverses familles naturelles, etc. ; par Auguste Saint-Hilaire, membre de l'Académie des sciences, professeur de botanique à la Faculté des sciences de Paris. 1 beau volume in-8 de 930 pages, avec 24 planches gravées sur cuivre.. . . . . 7 50
Cet ouvrage est adopté par le conseil de l'instruction publique.

Botanique (*Éléments de*), spécialement destinés aux établissements d'éducation ; par N.-C. Seringe, professeur de botanique. 1 volume in-8 avec 28 planches gravées.. . . . . 3 50

Boutures (*Art de faire les*) ; par Neumann, chef des serres au Jardin des Plantes. 1 volume in-12, avec 31 gravures.. 2   »

**Cactées* (*Iconographie descriptive des*), histoire naturelle, classification et culture ; par Lemaire. Chaque livraison de deux planches coloriées et 2 feuilles de texte. 1 vol. in-12.   5   »

**Cactus* (*Manuel de l'amateur de*), comprenant l'histoire, la culture, la multiplication, la liste et la description des espèces cultivées dans les jardins d'Europe ; par Lemaire. 1 vol. in-12.   1   75

Calcéolaires (Voir *Pelargonium*).

**Camellia* (*Iconographie du genre*), collection des Camellias les plus beaux et les plus rares ; par l'abbé Berlèse. 150 livraisons petit in-folio, composées chacune de 2 planches coloriées, avec texte sur beau papier vélin satiné. Chaque.   2   50

**Camellia* (*Monographie du genre*) ; par l'abbé Berlèse. Troisième édition, revue, corrigée et augmentée 1º d'une nouvelle classification plus claire et plus naturelle que la première ; 2º de plusieurs observations importantes sur la culture du Camellia ; 3º d'environ 180 descriptions de variétés nouvelles inédites. 1 vol. in-8 avec planches.
5   »

**Camellia , Rhododendrum , Azalea , Acacia , Epacris, Erica* (*Histoire et culture des genres*), et des plantes de serre froide en général ; par Lemaire. 1 vol. in-12, avec gravures. . . . 2   »

**Champignons* (*Traité de la culture des*) ; par Paquet. 1 vol. in-12, avec gravures. . . . . ' . 3   50

Cinéraires (Voir *Pelargonium*).

**Cuisine* (*Manuel de*) précédé de la *Tenue du Ménage* ; par madame Millet-Robinet. Extrait de la *Maison rustique des Dames*. 1 volume in-12. 3   50

Culture des Plantes (*Instructions pratiques sur la*) dans les appartements, sur les fenêtres et dans les petits jardins ; par Courtois-Gérard. 1 vol. in-12 avec figures.. . . . .   »   75

**Culture maraîchère* (*Manuel pratique de*) ; par Courtois-Gérard. Deuxième édition. 1 vol. in-12, avec gravures. 3   50
La Société centrale d'agriculture a décerné une médaille d'or à l'auteur.

**Dahlias* (*Manuel du cultivateur de*) ; par Legrand. Deuxième édition revue et corrigée par Pépin, chef des cultures de pleine terre au Jardin des Plantes de Paris. 1 vol. in-12 avec gravures.   1   75

**Dahlia* (*Traité spécial et didactique du*) ; par Pirole. 2 vol. in-12·
4   »

Epacris (Voir *Camellia* et *Plantes de terre de bruyère*)

Erica (Voir *Camellia* et *Plantes de terre de bruyère*).

Fécondation naturelle et artificielle (*De la*) **des végétaux et de l'hybridation**, considérée dans ses rapports avec l'horticulture, l'agriculture et la sylviculture ; par Lecoq. 1 volume in-12.
3   50

Flore des jardins et des grandes cultures, ou Description des plantes de jardins, d'orangeries et des grandes cultures, leur multiplication, l'époque de leur floraison et de leur fructification, et leur emploi ; par Seringe, professeur de botanique à la Faculté des sciences, directeur du Jardin des Plantes, etc. 3 volumes in-8 avec planches gravées. 27   »

***Fruits** (*Traité de la conservation des*) et des meilleures espèces à faire entrer dans un jardin ; par Paquet. 1 vol. in-12. . . . 2 50

***Fuchsia** (*Le*). *Son histoire et sa culture*, suivies d'une monographie, contenant la description ou l'indication de 540 espèces et variétés ; par Porcher, président de la Société d'horticulture d'Orléans. Deuxième édition. 1 vol. in-12. . . . . 1 25

Geranium (Voir *Pelargonium*).

***Herbier général de l'amateur**, contenant la description, l'histoire, les propriétés et la culture des végétaux utiles et agréables ; par Loiseleur-Deslonchamps, avec figures d'après nature, par Bessa. 195 livraisons in-4, contenant 334 figures coloriées des plantes nouvelles et rares des jardins de l'Europe, leur description et leur culture. Prix de chaque livraison. 1 75

Horticulteur universel (*L'*), première série, Journal général des jardiniers et amateurs, contenant l'analyse raisonnée des travaux horticoles français et étrangers ; par MM. Camuzet, Jacques, Lemaire, Neumann, Pépin, Poiteau, etc. 7 volumes grand in-8, avec 300 planches coloriées. . . . . 150 »

***Horticulture** (*Traité de l'*), Essais descriptifs, selon les principes de la physiologie, des principales opérations horticoles ; par John Lindley ; traduit de l'anglais, par Lemaire, beau vol. in-8, orné de gravures.. . . . . 7 50

***Horticulture** (*Encyclopédie d'*); par Bixio et Ysabeau. Deuxième édition. 1 volume in-4, avec 500 gravures (forme le 5e volume de *la Maison rustique*).. . . . . 9 »

***Jardinage** (*Manuel pratique de*), ouvrage spécialement destiné aux amateurs d'horticulture, et contenant tout ce qu'il est nécessaire de savoir pour cultiver soi-même son jardin ou en diriger la culture ; par Courtois Gérard. Quatrième édition revue et augmentée. 1 vol. in-12, avec gravures. 3 50

***Jardinage** (*Petit Manuel de*), suivi d'un Traité de *Médecine domestique et d'hygiène* ; par madame Millet-Robinet ; extrait de la *Maison rustique des Dames*. 1 vol. in-12. . . . . . 3 50

***Jardinier des fenêtres** (*Le*) *et des petits jardins*. Quatrième édition, in-18, avec gravures. 1 75

Jardinier (*Manuel complet du*), maraicher, pépiniériste, botaniste, fleuriste et paysagiste ; par Louis Noisette. Seconde édition, 4 vol. in-8, et supplément avec gravures.. . . . . 30 »

Jardins (*Traité de la composition et de l'ornement des*), avec 161 planches. Cinquième édition. 2 vol. in-4 oblong. . . . . 25 »

Journal d'Horticulture pratique, Moniteur général des travaux et progrès du jardinage ; par Victor Paquet. 5 volumes in-12, avec 76 gravures coloriées.. . . . . 30 »

Kalmia (Voir *Plantes de terre de bruyère*).

***Maison rustique des Dames**; par madame Millet Robinet. 2 volumes in-12, avec 120 gravures. . . . . 7 »

Cet ouvrage est divisé en quatre parties, contenant :
La première, la *Tenue du ménage* ;
La seconde, le *Manuel de cuisine* ;
La troisième, le *Traité de jardinage* et la *Direction de la ferme* ;
La quatrième, l'*Hygiène* et la *Médecine domestique*.

*Melons (*Traité complet de la culture des*), avec une nouvelle méthode de les cultiver sous cloches , sur buttes et sur couches ; par Loisel, membre de la Société d'horticulture, etc. Deuxième édition. 1 vol. in-12.. . . . . 2 »

Melon (*Monographie complète du*); par Jacquin aîné. 1 vol. grand in-8, avec 33 pl. gravées. Figures noires. 7 50
Figures coloriées. . . . . . . 15 »

Œillets (*Traité complet de la culture des*); par Ragonot-Godefroy. Deuxième édition, in-12, avec gravures. 1 25

*Œillet (*Monographie du genre*) et principalement de l'OEillet flamand ; par de Ponsort. Deuxième édition. 1 vol. in-12. . . 2 50

*Œillet (*Appendice et classification du genre*). 1 vol. in-12, avec 39 figures coloriées. 1 50

*Orangerie (*Traité de l'*), des serres chaudes et des châssis ; par L. B***. 1 vol. in-8 et 15 planches gravées. 3 50

Orangers (*Histoire naturelle des*); par Risso et Poiteau. 109 figures dessinées et coloriées d'après nature, grand in-4.
Figures noires. . . . . 45 »
Figures coloriées. . . . . 130 »

*Pélargonium (*Traité complet de la culture des*), des Calcéolaires, des Verveines et des Cinéraires , genres dont les espèces peuvent aisément se cultiver dans la même serre; par MM. Chauvière et Lemaire. 1 vol. in-12. . . . . 2 50

Pensée (*La*), la Violette, l'Auricule; par Ragonot-Godefroy. 1 vol. in-12, avec fig. coloriées des plus belles espèces. . . 2 »

*Pensée (*Traité sur la culture de la*); par de Ponsort. 1 vol. in-12.
1 50

*Plantes, arbres et arbustes (*Manuel général des*), contenant la description et la culture de 25,000 plantes indigènes d'Europe ou qui y sont cultivées dans les serres; par MM. Jacques, ex-jardinier en chef à Neuilly, et Herincq , aide de botanique au Jardin des Plantes de Paris. Petit in-8, publié par livraison à 1 50
Les livraisons 1 à 15 sont en vente.

*Plantes bulbeuses (*Essais sur la culture générale des*), vulgairement appelées Oignons à fleurs, ou Revue des végétaux compris dans les familles des Iridacées des Amaryllidacées, des Liliacées, et de quelques familles voisines, etc.; par Lemaire. 1 volume in-12.
3 50

*Plantes de terre de bruyère (*Traité pratique pour la culture des*), et généralement de tous les végétaux de la nature des genres *Erica, Epacris, Azalea, Rhododendrum, Camellia, Kalmia, Andromeda,* etc. Ouvrage entièrement neuf, contenant des notes exactes sur la propagation des plantes par semis, par marcottes et par boutures, et les principes généraux indispensables pour cultiver, multiplier et conserver avec un plein succès les plantes de serre tempérée, d'orangerie et de pleine terre de bruyère ; par Paquet. 1 vol. in-12. . . . . 3 50

*Plantes fourragères (*Traité des*), ou *Flore des prairies naturelles et artificielles de la France*; contenant la description, les usages et qualités de toutes les plantes herbacées ou ligneuses qui peuvent servir à la nourriture des animaux, et des détails relatifs à leur culture, à la création et à l'entretien des prairies permanentes ou temporaires ; par Lecoq, professeur d'histoire naturelle à Clermont-Ferrand. 1 vol. in-8. . . . . 7 »

Poiriers (*Traité spécial de la taille des*) en quenouilles, rangés en trois catégories , selon les espèces et leur fécondité ; par Lasnier, horticulteur à Sens. Brochure in-8 avec 2 pl. lithographiées. 1 »

***Pommes de terre** (*Maladies des*); par Decaisne, membre de l'Académie des sciences, professeur de culture au Jardin des Plantes. 1 vol. in-8. 2 50

***Revue horticole** ; par MM. Poiteau, Vilmorin, Naudin, Neumann, Pépin, etc., sous la direction de J. Decaisne, membre de l'Institut, professeur de culture au Jardin des Plantes. Ce journal se publie le 1er et le 15 de chaque mois, et contient tout ce qui paraît d'intéressant en horticulture, comme plantes nouvelles, utiles ou d'agrément, nouveaux procédés de culture, analyses de journaux et d'ouvrages français et étrangers. — *Tous les articles sont signés.*

    Prix, *franco,* par an, sans gravures coloriées. . . . . 5 »
    Avec 24 gravures coloriées (une par numéro). . . . . 9 »

Rhododendrum (Voyez *Camellia* et *Plantes de terre de bruyère*).

***Roses** (*Centurie des plus belles*) choisies dans toutes les tribus du genre Rosier, peintes d'après nature et sur plantes vivantes empruntées aux plus riches collections, par madame Annica Bricogne, gravées en taille-douce par Visto, imprimées en couleur et retouchées au pinceau par d'habiles artistes. Prix de la livraison. . . 3 »

    Chaque livraison est composée de 2 planches supérieurement coloriées. L'ouvrage sera complet en 50 livraisons ; 11 livraisons sont en vente.

Semis de fleurs (*Instructions pour les*) de pleine terre, suivies d'une notice sur la formation et l'entretien des gazons ; par Vilmorin-Andrieux et Comp. 1 vol. in-16. . . . . » 75

Serres (*Art de construire et de gouverner les*), accompagné de figures de serres , bâches et châssis ; par Neumann. 1 volume in-4, avec 21 planches gravées, deuxième édition.. . . . . 7 »

***Serres** (*Pratique des*), construction, direction et chauffage des serres, des bâches, des coffres. etc. ; par Delaire, jardinier en chef du jardin botanique d'Orléans. 1 vol. in-12, avec 40 gravures. 3 50

Thermosiphon (*Notions sur le*). In-4, gravures. . . . . 2 »

Thermosiphon (*Pratique de l'art de chauffer par le*). 1 vol. in-4, avec planches. . . . . 6 »

Verveines (Voir *Géranium*).

***Vignes à raisins précoces** (*Essai sur la culture des*) et des avantages qu'on peut en tirer ; par Loiseleur-Deslonchamps. 1 vol. in-12 de 100 pages.. . . . . 1 25

EXTRAIT DU CATALOGUE DE LA LIBRAIRIE AGRICOLE

Agriculture (Cours d'), par de GASPARIN, 5 vol. in-8 et 233 gravures.

Agriculture *de l'ouest de la France*, par Jules RIEFFEL, 5 vol. in-8.

Amendements (Traité des), par PUVIS, 1 vol. in-12 de 520 pages.

Animaux (Statique chimique des), emploi agricole du SEL, par BARRAL, 1 vol. in-12.

Bière (Traité de la fabrication de la), par ROHART, 2 vol. in-8 et 162 gravures.

Bon Jardinier (Le) pour 1854, par POITEAU et VILMORIN, in-12 de 1858 pages.

Botanique, par Aug. de ST-HILAIRE, 930 pages in-8 et 24 planches gravées.

Cactées (Monographie et Culture des), par LABOURET, 1 vol. in-12 de 720 pages.

Camellia (Monographie du), par l'abbé BERLÈSE, 340 pages in-8 et 7 planches.

Camellias (Iconographie des), par l'abbé BERLÈSE, 3 vol. in-fol., et 300 pl. color.

Chevaline (de l'espèce) *en France*, par le général LAMORICIÈRE, in-4, 3 cartes color.

Chimie agricole, par Isidore PIERRE, 662 pages in-12 et 22 gravures.

Comptabilité agricole (Traité de), par DE GRANGES, 320 pages in-8 et tableaux.

Conseils aux Agriculteurs, par DEZEIMERIS, 3ᵉ édition, 684 pages in-12.

Culture maraîchère (Manuel pratique de), par COURTOIS-GÉRARD, 1 vol. in-12.

Herbier général de l'Amateur, description, histoire, etc. des végétaux utiles et
  agréables, 8 beaux vol. in-4, contenant 373 planches en taille-douce et coloriées
  au pinceau, avec texte historique et descriptif, par Ch. LEMAIRE.

Horticulteur universel, présentant l'analyse raisonnée des travaux horticoles
  français et étrangers, par MM. CAMUZET, JACQUES, NEUMANN, PÉPIN, POITEAU,
  LEMAIRE, 7 vol. grand in-8 et 300 planches coloriées.

Jardinage (Manuel du), par COURTOIS-GÉRARD, 450 pages in-12 et 59 gravures.

Jardinier des fenêtres et des petits jardins, par Mᵐᵉ MILLET-ROBINET, 3ᵉ éd.

Journal d'Agriculture pratique, publié sous la direction de M. BARRAL, par les
  rédacteurs de la *Maison rustique*. Un numéro de 44 pages in-4, avec de nombreuses
  gravures, paraissant les 5 et 20 de chaque mois. — Un an (franco).

Maison rustique des Dames, par Mᵐᵉ MILLET-ROBINET, 2 vol. in-12 et 128 gr.

Maison rustique du XIXᵉ siècle, cinq volumes in-4, et 2,500 gravures.
  Le tome V (*Encyclopédie d'horticulture*), 512 pages in-4 et 500 gravures.

Plantes, Arbres et Arbustes (Manuel général des). Description et culture de
  25,000 plantes indigènes d'Europe, chaque livraison de 108 pages à 2 colonnes.

Revue horticole, par MM. POITEAU, VILMORIN, DECAISNE, NEUMANN, PÉPIN,
  paraît le 1ᵉʳ et le 16 du mois. Un an (franco), avec 24 gravures coloriées.

Roses (Centurie des plus belles), 50 livr. de 2 planches coloriées et texte. Chacune.

Pomone française, par LE LIEUR, 3ᵉ édition, 1 vol. in-8 de 600 pages et 15 pl.

Vigneron (Manuel du), par ODARD, 1 vol. in-12 de 472 pages.

Vers à soie (Manuel de l'Éducateur de), par ROBINET, 332 p. in-8 et 51 gravures.

Bibliothèque du Cultivateur, *publiée avec le concours du Ministre de l'Agriculture.*
Onze volumes sont en vente à 1 fr. 25 c. le volume, savoir :

L'Éleveur de Bêtes à cornes, par VIELEROY, 2ᵉ édition, 434 pages et 80 gravures.

Races bovines de France, Angleterre, Suisse, par DE DAMPIERRE, 232 p. et 18 grav.

Oiseaux de basse-cour et Lupins, par Mᵐᵉ MILLET-ROBINET, 200 pages et 11 grav.

Fermage (Estimation, Plans d'amélioration, Bail), par DE GASPARIN, 2ᵉ édition, 384 pages.

Métayage (Contrat, Effets, Améliorations), par DE GASPARIN, 2ᵉ édition, 482 pages.

Arithmétique et Comptabilité agricoles, par LEFOUR, 192 pages et 12 gravures.

Géométrie agricole (Dessin linéaire, Arpentage, Toisé), par LEFOUR, 212 p. et 150 grav.

Sol et Engrais, par LEFOUR, 200 pages et 36 gravures.

Asperge (Culture naturelle et artificielle), par LOISEL, 120 pages.

Melons (Culture sous cloche, sur butte et sur couche), par LOISEL, 108 pages et 3 grav.

Houblon, par ÉRATH, traduit de l'allemand par Napoléon NICKLÈS, 140 pages et gravures.

Le Pêcheur à la mouche artificielle et à toutes lignes, par DE MASSAS, 200 pages et grav.